体験
して
わかる

プログラミング教育

うちの子の「考える力」が伸びるワケ

淺井 登

技術評論社

はじめに

　この本は、静岡県にある武修館という道場から生まれました。たくさんの子ども
たちと、そのお父さん・お母さんが一緒になって剣道の稽古に励んでいる、とても活
気のある場所です。

　私は門下生として通いながら、この道場でプログラミングの教室を開いてきました。
長くITエンジニアとして働き、高専や高等学校での情報教育にも携わった経験から、
その楽しさと奥深さを、同じ道場の子どもたちと共有したいと思ったのです。参加し
てくれた子どもたちは、幼稚園から小学校高学年までさまざまですが、とても実りの
ある時間になりました。

　そんななか、気付いたことがあります。子どもたちに負けず劣らず、その親御さ
んたちもプログラミングに興味を持っているということです。ちょうど話題になって
いたのが、学校ではじまったばかりの「プログラミング教育」でした。

・将来役に立つの？　うちの子、プログラマーになりたいわけじゃないのに？
・最近よく聞く「プログラミング的思考」ってなに？
・学校に任せっきりで本当に大丈夫？

　など、期待と戸惑いが混じったさまざまな声を耳にしました。何より他の教科と違っ
て、自分がプログラミング教育など受けてこなかったので、うちの子が何をやってい
るのかまったくわからないというのが、みなさんの率直なギモンだったのです。

　本書は、そんなギモンに答えるために書かれました。ならば、お父さん・お母さ
んにもプログラミング教育を体験してもらおう、というわけです。自分の頭と手を動
かしてみることで、子どもたちが何を学んでいるのかを、より鮮明に理解していただ
けるはずです。コンピュータが苦手な方でも読めるよう、なるべくやさしい説明を意
識しましたが、そのおかげでより本質的な考え方に絞ってご紹介することができたの
ではないかと考えています。

　武修館でのプログラミング教室に参加していただいた子どもたちと親御さん、及び
この機会を与えていただいた武修館館主の美和靖之先生と美和しのぶ先生に感謝申し
上げます。

　出版にあたり、株式会社技術評論社の編集者の方々には大変お世話になりました。
当初の著者の意図以上に、大人のための学びとして他書にはない知見を盛り込むこと
ができたと思います。辛抱強く綿密にご指導いただきました神山真紀様、藤本広大様
に深く感謝申し上げます。

　並びに出版企画でご尽力いただきましたSOMIGA 鈴木和登子様に感謝申し上げます。

令和3年5月
著者

目　次

1 時間目

うちの子が受ける
プログラミング教育へのギモン

Contents

6 時間目

日常生活で実践する
プログラミング的思考

● 本書で使用するサンプルファイルについて

サンプルファイルのダウンロード

　本書のサポートページでは、Scratchのサンプルファイルをダウンロードすることができます。

　ダウンロードの方法や注意点については、サポートページの「ダウンロード」以下の説明をお読みください。

　特に5章では、サンプルファイルを読み込んでいただいた上で実践を行う場面も出てくるので、あらかじめダウンロードをお願いいたします。

▼サポートページのURL

　https://gihyo.jp/book/2021/978-4-297-12173-0/support

※「技術評論社」で検索し、弊社公式HP内の検索ボックスに書名を入れて検索していただくこ
　とでもサポートページにたどりつくことが可能です。

Scratchのライセンス

　本書のプログラミングで用いるScratch3は、誰でも無料で、安心して使えるものです。

　ScratchはMITメディア研究所の生涯幼稚園グループが提供し、Scratch財団が管理しているプログラミング言語で、以下のライセンスに基づいています。

MIT Media Lab. Lifelong Kindergarten Group

Creative Commons License

https://creativecommons.org/licenses/by-sa/2.0/deed.ja

ダウンロードできるサンプルファイルの一覧

ダウンロードしたデータには、以下のファイルが含まれています。青字は本書では詳しく解説しない、少し応用的なプログラムです。

フォルダ		ファイル	説明
3章		3-1_cat_move.sb3	猫が動く
		3-2_cat_walk.sb3	猫が歩く
		3-3_cat_natural.sb3	猫が腕を振って自然に歩く
4章		4-1_triangle.sb3	正三角形の一筆描き
		4-2_triangle_loop.sb3	繰り返しを使う正三角形の一筆描き
		4-3_polygon.sb3	関数を使う正多角形の一筆描き
		4-4_polygon2.sb3	描画速度を改善した正多角形の一筆描き
5章	5-1	5-1_flower.sb3	花の絵
		5-1_flower_練習用.sb3	花の絵の組み立てベース
		5-1_flower2.sb3	少し凝った花の絵
	5-2	5-2_ensemble.sb3	合奏
		5-2_ensembleNG.sb3	同期を取らない合奏
		5-2_ensemble_練習用.sb3	合奏の組み立てベース
		5-2_ensemble2.sb3	厳密な同期を取る合奏
		5-2_ensemble3.sb3	リストを使って同期を取る合奏
		5-2_alhambra.sb3	ギターの名曲「アルハンブラの思い出」
	5-3	5-3_baseball.sb3	野球ゲーム
		5-3_baseball_練習用.sb3	野球ゲームの組み立てベース
		5-3_baseball2.sb3	野球ゲーム（音声付き）
付録	gym	……	武修館での教材： 鉄棒の逆上がりの研究など
	kendo	……	武修館での教材： 剣道の技の研究（赤・女性の声の勝ち）
	up	2-x_route.sb3 2-x_route.pdf	アンプラグドの例題「家から学校まで行く」 使い方は「2-x_route.pdf」参照

1
時間目

うちの子が受ける
プログラミング教育への
ギモン

国をあげてプログラミング教育の必要性が叫ばれて
から、しばらく経ちました。しかし今となっても、実
はその本質がよくわかっていないというのが、多くの
人の本音ではないでしょうか。例えば、英語教育だと
その必要性はわかりやすいですが、プログラミング教
育となると「その方面の職業に就くわけでもないのに
意味があるの？」と思っていませんか。

そこで本章ではまず、「プログラミング教育とは何
か？」ということを考えてみます。これを読めば、本
書の目的と目指している到達点も、あわせてご理解い
ただけるかと思います。

どうしてプログラミングを学ぶ必要があるの？

　文部科学省は、小学校のプログラミング教育についてガイドラインをつくっています。これによると、プログラミング教育とは「児童がプログラミングを体験しながら、コンピュータに意図した処理を行わせるために必要な論理的思考力を身に付けるための学習活動」を行うことと規定されています。そしてそのねらいは、次のようなものとされています。

> **プログラミング教育のねらい**
> ・「プログラミング的思考」を育むこと
> ・IT社会を支える情報技術に気付き、それをうまく活用できること
> ・各教科の学びをより確実なものとすること

> **メモ**　ガイドライン：小学校プログラミング教育の手引（第三版）　令和2年2月　文部科学省

✚ 大切なのは「プログラミング的思考」を身に付けること

　さて、プログラミング的思考ということばが出てきました。筆者はこれを身に付けるのが、プログラミング教育において最も重要なことであると考えています。それでは、プログラミング的思考とは一体どのような思考法なのでしょうか？

▶ プログラミング的思考とは何か

　ガイドラインによれば、プログラミング的思考とは、次のようなものであるとされています。

プログラミング的思考とは……

① 自分が意図する一連の活動を実現するために、どのような動きの組合せ
　が必要であり

② 一つ一つの動きに対応した記号を、どのように組み合わせたらいいのか

③ 記号の組合せをどのように改善していけば、より意図した活動に近づくのか、
といったことを論理的に考えていく力。

　上記①は「目標を整理して」「どのように表現するか決めて」「つくるものを
考える」ということです。②はその後の具体的なつくり方のことであり、③は
見直しや効率化という意味合いを含んでいます。プログラミングを行う場合は、
いきなり記号を組み合わせてつくるのではなく、このような順序ですすめるこ
とになります。本書ではこれを**プログラミングの手順**といいます。

　また、手順に従ってプログラミングを行うなかで、さまざまなノウハウが出
てきます。例えば、問題の整理の仕方、表現の仕方、設計の仕方、プログラム
の書き方、間違いの見つけ方などがあります。このような、各手順で行う技術
的な工夫を、本書では**プログラミングの技法**といいます。

　つまりガイドラインにおける「**プログラミング的思考**」は、「**手順**」と「**技法**」
の2つの側面から理解することができるわけです。

▶ **プログラミングの手順のポイント**

　本書ではプログラミングの手順を、次のように4段階に分けて考えることに
します。後の章で実際に体験していただきますが、これはプログラミングを行
うときに必ず踏むことになるステップなのです。①～③はものづくりにおける
「設計」、④は「作製」にあたります。

プログラミングの手順

① 目標：やりたいことを決める

② デザイン（表現の仕方）：目標の表現方法と必要なものを決める

③ アルゴリズム（実現の仕方）：どのようにつくるのかを考える

④ 組み立て：実際につくる

1時間目

2時間目

3時間目

4時間目

5時間目

6時間目

　プログラミングの技法については、無数にある具体的な技法をいきなり理解するのは難しいので、その説明はプログラミングの専門書に任せることにしましょう。本書ではまず、イメージをつかんでいただくために、重要な考え方に絞って解説していきます。これを押さえておけば、後々専門的な技法を学習する際にも、それが以下のようなポイントを実現するための「手段」であることに気付けるはずです。

> **プログラミングの技法のポイント**
> ・問題の整理：複雑な問題を、本質的な部分に注意して、単純な形にすること
> ・表現の工夫：文章だけではなく、図なども使って、わかりやすく表すこと
> ・作製の技術：できるだけ無駄のない、効果的なつくり方にすること
> ・確認の方法：考えたことと実際の動きの因果関係をはっきりさせること

✚ プログラマーになりたい子だけに関係することではない

　最初に紹介した文科省のガイドラインによると、プログラミング教育には2つ目のねらいがありました。情報活用能力、つまり「コンピュータを理解し、上手に活用していく力を身に付ける」という目的です。現代はコンピュータと情報にあふれています。IT社会を生きる子どもたちにとって、情報活用能力は極めて重要でしょう。

　これは、**将来プログラマーといった職業に就きたいお子さんだけに関係することではない**のです。例えば、学校の体育や音楽の授業は、幅広く豊かな人間性を築くためであり、アスリートや音楽家育成が目的ではないはずです。プログラミング教育も同様で、IT人材育成が目的ではなく、人間形成の一環として、IT社会を生き抜くための情報活用能力を養うことを目的としているのです。そのためのプログラミング教育には、コンピュータなどの情報機器の基本操作を習得することはもちろん、情報モラル、情報セキュリティなどに関する資質や能力を磨くことも含まれてきます。

ここで重要なのは、**情報活用能力を養うという点から見ても、プログラミング的思考が果たす役割は大きい**ということです。そのうちの情報モラルに関わる一例として、SNSの利用における炎上騒ぎの問題を考えてみましょう。これは、「自分の発信がどのような結果をもたらすのか」を考える力が、欠如しているために起こってしまうことです。一時的な感情に流されたりして、考えることを自ら放棄してしまっているともいえるでしょう。

　しかしプログラミング的思考の訓練を通じて、順序立てて論理的に問題を考えていく力が身に付いていれば、「SNS上で誰かの悪口を言ったりしてはいけない。なぜならば〜だから！」という答えに、自らたどりつけるはずなのです。「怪しいサイトやメールを開かないようにする」「重要な情報にはパスワードを設定する」といったような、情報セキュリティの問題についても、同じことがいえます。

　このように、プログラミング的思考を磨いていくことは、情報活用能力を養うことにもつながります。2つは互いに影響し合いながら、これからの子どもたちに広く求められる「考える力」の基本となっているのです。

1　時間目

2　時間目

3　時間目

4　時間目

5　時間目

6　時間目

どのように「プログラミング的思考」を身に付ければよいの？

　プログラミング教育には3つ目のねらいとして、「各教科の学びをより確実なものとすること」というものがありました。筆者は、このねらいもまた、プログラミング的思考の発揮によって達成することができると考えています。**プログラミング的思考を実践し、身に付けていく場面は、コンピュータの操作を学習しているときに限られるわけではないのです。**

✚ 各教科でプログラミング的思考を実践する

　各教科では、知識詰め込み型の丸暗記授業にしないで、必然性や道理を考えることが重要です。これはすでに「論理的思考を大切にする」というかたちで行われていることですが、ここではさらに一歩進んで、プログラミング的思考に沿って考えてみます。体育を例にしてみましょう。

▎体育での取り組み例

　体育では、ある動作に対して身体がどのように動くのかを、アニメーションを通して理解することができます。例えば、跳び箱の跳び方を考えるとき、まずはその動作を分解してみます。そして、飛び上がる方向や手の付き方について注意しながら、自分でアニメーションをつくってみましょう。ビデオ教材を見たりするだけでは得られない、新たな発見があるはずです。

> **メモ**　本書でダウンロードできるサンプルプログラムには、逆上がりや剣道の動きをアニメーション化したものもあります。

　このときの、次のような手順に沿った考え方は、まさにプログラミング的思考といえます。

跳び箱の跳び方を考える場合……
① やりたい技を決める（目標）
② できる人の姿をアニメーションで表すことにする（表現の仕方）
③ 複雑に見える動きを基本動作に分解する（実現の仕方）
④ 分解した動きを何枚も描いて組み合わせ、連続表示する（組み立て）

　技法については、①でやりたい技を決めるときや、③で複雑な動きを基本的な動きの組み合わせに分解するときなどに、「分割して考える」という「問題の整理」の技法を使っています。他にも「表現の工夫」「作製の技術」「確認の方法」に関する技法が使われていますが、これらがどのようなものなのかについては、2章で解説するようにしましょう。

▶ **主体的な授業のために**

　体育の例に限らずどのような教科にも、プログラミング的思考に沿って考えることで、より深い学びにつながる余地があるはずです。そもそも学校の授業というのは、子どもが受け身になりがちです。そのため、子どもたちが主体的に学習できるように、授業の工夫が求められてきました。そこにプログラミング的思考を取り入れることで、これまで以上に子どもたちが自分で考え、どんどんと独創的な意見を出してくれるようになることが期待できます。

　このように見ると、**プログラミング教育は従来から行われていることの延長であって、特別な教材を必要とするわけではない**のです。プログラミング的思考を促すような、「なぜ？」「どうなると思う？」というような問い掛けを行っていくことで、これが実践できると筆者は考えています。

✚ 家庭内でのプログラミング教育の重要性

　そしてこのような取り組みが可能なのは、学校内に限られているわけではありません。プログラミング的思考を発揮し、同時に磨いていくようなチャンスは、家庭内にもあふれています。詳しくは6章で紹介しますが、例えば、「夕飯のカレーライスをつくる」ということさえ、プログラミング的思考を学ぶ格好の教材となるのです。

だからこそ、**家庭内で子どもたちの学びを促すために、お父さん・お母さんが果たすべき役割は重要**です。では実際のところ、保護者の方々は我が子が受けるプログラミング教育を、どのようなものであると捉えているのでしょう？

　地域で子どもと保護者の方々を対象にプログラミング的思考の教室を開いてきた経験上、筆者はさまざまな声を聞いてきました。その意見を、我が子が受けるプログラミング教育への「意欲」と「理解」という2つの軸から分類してみます。すると保護者としての立場は、図1-1のような4つのグループに分けることができると考えています。つまり「先進組」「模索組」「様子見組」、そして「のんき組」です。

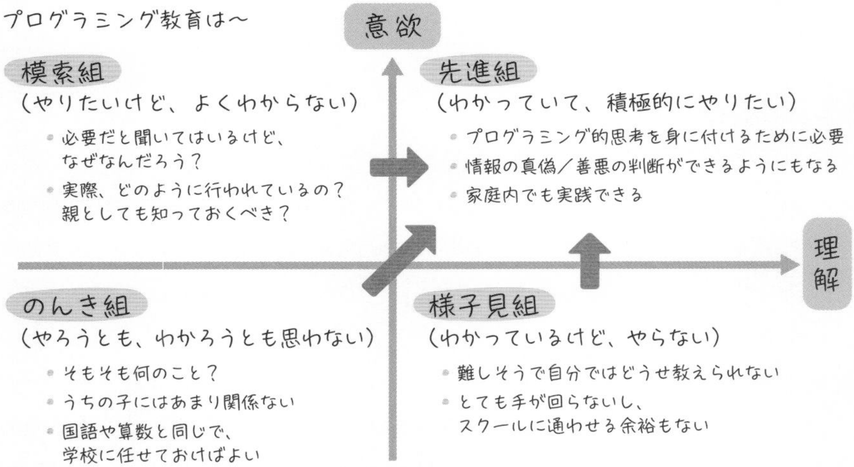

プログラミング教育は〜

意欲

模索組
（やりたいけど、よくわからない）
- 必要だと聞いてはいるけど、なぜなんだろう？
- 実際、どのように行われているの？ 親としても知っておくべき？

先進組
（わかっていて、積極的にやりたい）
- プログラミング的思考を身に付けるために必要
- 情報の真偽／善悪の判断ができるようにもなる
- 家庭内でも実践できる

理解

のんき組
（やろうとも、わかろうとも思わない）
- そもそも何のこと？
- うちの子にはあまり関係ない
- 国語や算数と同じで、学校に任せておけばよい

様子見組
（わかっているけど、やらない）
- 難しそうで自分ではどうせ教えられない
- とても手が回らないし、スクールに通わせる余裕もない

図1-1　プログラミング教育に対する保護者の立場

　本書は「プログラミング的思考」をこれから身に付ける子どもたちではなく、その保護者の方々に向けて書かれたものです。まずはプログラミング教育への興味と意欲を持ってもらえるよう、実際に手を動かして楽しみながら学べる構成になっています。

　それと同時に、専門的な用語や難しい概念はなるべくやさしいことばに言い換えることで、プログラミング的思考をわかりやすく、かつ本質的に理解していただけるように心がけました。この本が、お父さん・お母さんが「先進組」の一員となり、お子さんの学びを後押しするための一助となれば幸いです。

パソコンを使わない
プログラミング教育

プログラミング教育の最も重要な目的は「プログラ
ミング的思考」を育成することです。これは実は、コ
ンピュータの有無に関わらず可能であると同時に、必
要なことなのです。

コンピュータを使わないことをアンプラグドといい
ます。本章では、プログラミングの学習に入る前に、
準備としてアンプラグドなプログラミング教育を体験
してみましょう。

アンプラグドプログラミング教育って？

アンプラグドプログラミング教育は、コンピュータを使わないプログラミング教育のことです。ことばだけだとなんだか難しそうに感じるかもしれませんが、これはごく普通の教育の延長ともいえるものです。

➕ アンプラグドは日常的に行っていること

身の回りのさまざまな問題や情報に接するとき、必ずしもIT技術だけで解決できるわけではありません。そんなとき、私たちは日常生活で当たり前のようにアンプラグドを実践しています。散歩コースや家事の順序など、みな頭の中で手順を考えているわけです。

ところが「プログラミング」ということばが付いた途端、「コンピュータなしでは何もできない」と考えてしまう方がいます。しかし、コンピュータを使うのは、その方が早い、間違いがない、あるいはわかりやすいからであるという点に注意してください。コンピュータ上で絵が動き、結果の成否がすぐわかる方が楽しいですし、コンピュータに慣れるという効果もあることは確かでしょう。しかし、**最も重要なことはプログラミング的思考の訓練で、これはコンピュータの有無とは別の問題**なのです。

➕ ノートと鉛筆でできるアンプラグドプログラミング教育

そこで筆者のプログラミング教室では、子どもたちに、パソコンではなく、まずはノートと鉛筆の用意をお願いしています。いきなりコンピュータを使うと、コンピュータの操作やプログラムの記述だけに注意がいってしまいがちですが、ノートと鉛筆なら本質的なプログラミング的思考の訓練に専念できるためです。

そしてアンプラグドプログラミング教育の実践として、問題解決の思考過程をノートに書き出してもらいます。ペットに餌を与える手順や、学校に行く道順、さらにはゲームをクリアするまでのステップを考える子もいます。このとき、書いてもらう形式は、文章でも箇条書きでも、流れ図やイメージ図でも構いません。

すると子どもたちは、パソコンの操作に慣れていなくても、プログラミング的思考に沿った論理的思考を、ある程度発揮できることがわかります。小学校高学年なら流れ図などで、アイデアを表現できました。このノートはP-Noteと呼んでいますが、子どもたちのアイデアと思考過程の記録であり、**ものごとを手当たり次第にやるのではなく、手順を考えてから行動する習慣**につながることを期待しています。

実際に子どもたちがどんなふうに書けるのか、1つ例を紹介します。図2-1は小学校3年の子が考えた、ゲームの流れを表す「アルゴリズム」に相当する図です。ノートではこの前に、ゲームの「目標」や「デザイン」に関する箇条書きの文章が書かれてありました。そしてこの図で、具体的なゲームの進行を示しているわけです。ゲームの登場人物の関係が線で示されていて、実際に産業界でも使われるタイミングチャートという図にそっくりです。もちろん、このゲームを実際につくるとなるとかなり大変ですが、アンプラグドで考えるのなら、小学生でも自然にこのような思考ができるのですね。

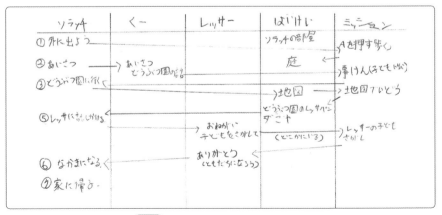

(図2-1) 子どもが書いたゲームの流れ

✤ パソコンでのプログラミングも最初はアンプラグドから

　コンピュータプログラムも、コンピュータ上でいきなりプログラミングできるわけではありません。まず頭の中でやりたいことを整理して、やり方を大まかに考えてから、実際にコンピュータ上で組み立てていくのです。この前半の作業を設計と呼びますが、これもまずはアンプラグドから始まります。設計作業も複雑になると頭の中だけでは整理仕切れず、紙にも書き切れない、ということで、コンピュータ上で設計作業自体を支援するような仕組みもありますが、本質的にはアンプラグドなのです。

　慣れてくると頭の中で十分整理しないで、いきなりコンピュータ上で作業したくなるかもしれません。コンピュータは間違いをすぐ指摘してくれるし、応答も速いので、頭の中で考えているより効率がよい、と思うわけです。しかし、思いついたことからどんどん入力していくと、作業が冗長になったり、矛盾を含んだプログラムができたりしてしまう可能性があります。プログラムは「今動いているからよい」というものではなく、先々のことまで考えて、できるだけスマートにつくっておきたいのです。

　そのためには、プログラミングの設計段階を、頭の中で十分整理して、記録に残しておく、ということが大切です。設計段階の記録がきっちりできていれば、その後は比較的スムーズに進みます。**「良いプログラミング」**かどうかは、**最初のアンプラグドな設計段階で決まる**といってもよいでしょう。そして「設計段階が重要」というのは、プログラミングに限ったことではなく、身の回りの問題解決すべてにいえることです。

アンプラグドプログラミング教育を体験してみよう！

1 時間目

2 時間目

3 時間目

4 時間目

5 時間目

6 時間目

　では実際に、簡単な問題をアンプラグドで考えてみましょう。普段はここまで細かく考えながら行動しているわけではないかもしれませんが、問題を考えやすい形にして、順を追って考えていきたいと思います。

▶ 問題1　家から学校まで行く道順　基本型を捉える

　家にいるあなたは、これから学校まで歩いて向かうことにしました。図2-2のように、家から学校までの地図は碁盤の目のようになっています。あなたはこのとき、まず何を考えますか？

　「運動不足を解消したい」などといった特別な事情がなければ、より楽な方法を選びたいと思う方が多いのではないでしょうか。つまり、**「歩くのが最も短い距離で済むかどうか」**で目的地までの道のりを**検討する**ということです。この基準を採用して、考えを進めてみましょう。

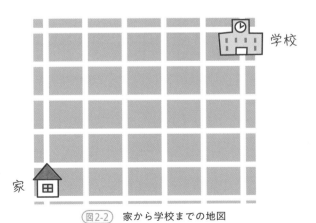

図2-2　家から学校までの地図

道のりの長さは、**碁盤の目の辺の数で計る**ことができます。例えば、まっすぐ右に5進んで、左に曲がって上に5進めば、学校に着きます。ジグザグに進んでも常に右か上に進めば、進む辺の数は同じです。ただし、途中で後戻りしない、すなわち左や下に進まないようにしましょう（図2-3）。後戻りすれば当然、道のりが長くなってしまいます。

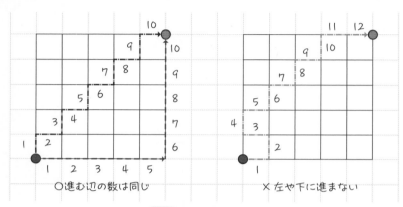

（図2-3）　基本型の進み方

　このとき、家から学校までの最短の道のりは、次のように計算できます。

家から学校までの最短の道のり（問題1）
［学校までの横の辺の数］＋［学校までの縦の辺の数］＝10

　後戻りさえしなければ、最短の道のりは縦と横の辺の合計で表すことができる、これがこの問題の基本となる考え方です。
　問題の基本型を捉えるということは、プログラミングの技法の1つであり、これができればさまざまな問題に対処していくことが可能になります。次の問題で試してみましょう。

1 時間目

2 時間目

3 時間目

4 時間目

5 時間目

6 時間目

▶ 問題2 途中で友人を誘う場合の道順 分割して考える

さて、学校への道のりを考えていたあなたは、途中でAさんを誘って一緒に学校へ行くことを思い立ちました。この場合はどうなるでしょうか？

図2-4 問題2の地図

少し複雑になった気がしますね。こんなときは、問題を分割して考えてみるということが重要です。

問題2を分割した場合……
① 家からAさんの家に1人で行く。道のりは5
② Aさんの家から学校まで2人で行く。道のりは5

①も②も問題1で身に付けた、基本の考え方で解決できます。すると学校までの道のりは、次のように計算できます。

友人を誘って学校まで行く最短の道のり（問題2）
［①の道のり］＋［②の道のり］=10

ここでは問題を分割して考えましたが、これも、プログラミングの技法の1つです。**分割することで、問題を解決可能な基本型の組み合わせにできれば、あとはそれぞれの結果を集めればよいのです。**分割の仕方によっては集めるときに工夫が必要ですが、ここでは簡単な足し算で済みますね。

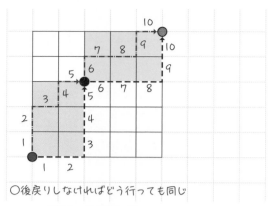

○後戻りしなければどう行っても同じ

（図2-5）　問題を分割したときの進み方

▶ | 問題3　途中で2人誘う場合の道のり　原因から本質的な解決策を探る |

　ここからが本番です。あなたは最終的に、Aさんだけでなく、Bさんも誘って学校へ向かうことにしました。このように2人誘って目的地に向かう場合、最短の道のりはどうなるでしょうか？

（図2-6）　問題3の地図

　ここでもまずは、問題を分割してみましょう。すると、家からAさんまでの道のり、AさんからBさんまでの道のり、そしてBさんから学校までの道のりというように、3つに分けて考えることができそうです。

A→Bの順で誘う場合

①家からAさんの家に1人で行く。道のりは5

②Aさんの家からBさんの家に2人で行く。道のりは3

③Bさんの家から学校まで3人で行く。道のりは6

全体の道のり　［①の道のり］＋［②の道のり］＋［③の道のり］＝14

「これで最短の道のりがわかった」と言いたいところですが、Bさん、Aさんの順番で誘うという場合もありえますね。同じように計算してみましょう。

B→Aの順番で誘う場合

④家からBさんの家に1人で行く。道のりは4

⑤Bさんの家からAさんの家に2人で行く。道のりは3

⑥Aさんの家から学校まで3人で行く。道のりは5

全体の道のり　［④の道のり］＋［⑤の道のり］＋［⑥の道のり］＝12

Aさんを先に誘った場合よりも、辺の長さ2つ分短い距離で済んでしまいました。誘う順番として考えられるのはこの2通りのみなので、後戻りしない限り、道のりの長さは14か12のどちらかです。そこで結論としては、「Bさんを先に誘う方が短い距離で済むのでよい」ということになります。

問題1と問題2では後戻りしなければ道のりは同じでした。しかし問題3では、どちらを先に誘うかで道のりに違いが出てくるのはなぜでしょう？　「結果を比べて短い方をとる」ということだけではなく、もう少し掘り下げて考えてみましょう。

A→Bの順番で誘う場合と、B→Aの順番で誘う場合の計算を、もう一度見比べてください。②と⑤は同じですが、①と④、③と⑥でそれぞれ1ずつ違っています。この原因は②と⑤が、個別では最短距離ですが、全体から見ると後戻りを含んでいるという点にあります。

A→Bの場合の②は、右に1、下に2で道のりが3なのに対し、B→Aの場合の⑤は、左に1、上に2で道のりが3です。このとき、②で下に進むのと⑤で左に進むのは、全体から見れば後戻りになります。後戻りの数を比較すると、

前者は2、後者は1ですから、後者の方が、後戻りが少ないわけです（図2-7）。後戻りが多いほど、その分どこかで挽回しなければならないので、他のステップの道のりが長くなってしまいます。

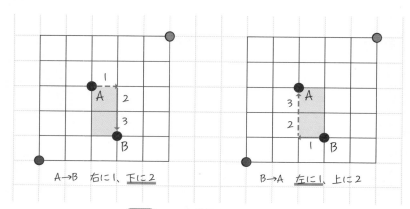

A→B　右に1、下に2

B→A　左に1、上に2

（図2-7）　2つの道順の後戻りの比較

　したがって「どちらを先に誘うか」を決めるための解決策は、**AとBの位置関係だけに注目して、全体から見たときの後戻りの少ない方を選べばよい**、ということになります。これなら選ぶべき道順は、すぐにわかりますね。

　この解決法は、友人の人数や、地図のマス目がさらに増えた場合でも有効です。つまり、**「友人の位置関係から後戻りの少ない道順を選ぶ」**という、より**本質的な解決策を見つけることができた**ということです。この方法を一度身に付けておけば、複雑な問題も簡単に解決することができますね。

> **メモ**　2人の場合は、「近い友人の家から先に行く」というのも解決策です。しかし「近い方」というだけでは、友人が3人以上になると通用しません。近い友人から先に行く方が、全体の後戻りが多くなることがあるからです。本書でScratchの使い方を学んだ後、付録の「2-x_route.sb3」で試してみてください。

➕ プログラミング的思考をどう実践したのか？

　先ほどの問題を解決する過程では、コンピュータはまったく使われていません。しかしそこには確かに、プログラミング的思考が発揮されています。どのように発揮されたのかを確認してみましょう。

▶ プログラミングの手順がどう生かされたか？

　前章で、「プログラミングの手順」は4段階に分けることができると説明しました。無意識的かもしれませんが、これは先ほどの問題を解決する上でも踏まれているステップなのです。具体的にはそれぞれ、次のように当てはめて理解することができます。

> ① **目標**
> 家から学校まで（友人と一緒に）向かうことを決める
> ② **デザイン（表現の仕方）**
> 碁盤の目の辺の数で距離を表し、辺の数が最も少なくて済む道のりを目指す
> ③ **アルゴリズム（実現の仕方）**
> デザインを実現する上で最も適した道のりを選ぶ方法を考える
> ④ **組み立て**
> アルゴリズムで考えた道のりを実際に歩いてみる

　アンプラグドな思考の訓練としては、③まででよいでしょう。まずはこれを通して、プログラミングの手順という思考のプロセスに気付くことが大切です。そして次回からは、**プログラミングの手順を意識的に用いるように心がけることで、解決はよりスムーズになる**はずです。これは同時に、さまざまな問題を、プログラミング的思考を磨くチャンスに変えることができるということでもあります

　そこで4章以降では、プログラムをつくるまでの過程を、この4つの段階に沿って順番に説明していきます。これは、図を描いたりゲームをつくったりするためではなく、それを通じてプログラミングの手順を身に付けるためです。

▶ プログラミングの技法がどう生かされたか？

　1章ではプログラミングの技法のポイントを、「問題の整理」「表現の工夫」「作製の技術」「確認の方法」の4つに分類しました。ここまでのアンプラグドな思考で具体的にどのような技法を使ったのか、見てみましょう。

・「問題の整理」に関する技法

　問題1・2で行った問題の本質（基本型）を捉えると問題を分けて考える（分割）

は、「問題の整理」のために用いられる技法です。これによって一見複雑に見える問題も、基本型ごとに考えることが可能になり、わかりやすくなったはずです。

また問題3では、友人の数を2人に限定して考えましたが、実はこれも問題を限定するという1つの技法だったのです。何人でもよいことにすると難しくなってしまうので、こんな場合は問題を必要な範囲に限定することで、解決までの道筋が見えやすくなります。

・「表現の工夫」に関する技法

問題を分割した後、個々の基本型の結果を寄せ集めるのに、道のりの足し算を行いましたね。足し算の式を書いて寄せ集めを表現するのは、式にするという1つの技法といえます。

今回は地図のマス目を見れば、頭の中だけで道順を辿れましたが、これがもし、道路工事中で通れない道があったりすると、頭の中だけでは混乱しますよね。そういうときは、紙にいろんな条件を書き出して表にするといった技法も有効です。さらに、「○○の場合は××する」といったような流れを図にするとわかりやすくなるでしょう。このような「表現の工夫」に関する技法は、イメージを正確に伝達することにもつながるため、特に複数人でデザインやアルゴリズムを共有する場合にはとても大切です。

・「確認の方法」に関する技法

誘う順番によって道のり長さに違いが出ることがわかったあとに、その本質的な原因と解決策を考えました。これは現象から原因を探る、原因から本質的な解決策を探るという技法です。表面的な結果の比較だけでなく、「なぜ違いが出るか?」という点に注意を向けることが、よりよい解決策の発見につながるのです。

・「作製の技術」に関する技法

今回は作製の技術には触れませんでした。さまざまな技法がありますが、これについてはプログラミングで実際に組み立てを行うときに、紹介することにしましょう。

パソコンでプログラミングをする必要はある？

1 時間目

2 時間目

3 時間目

4 時間目

5 時間目

6 時間目

　ここまで「プログラミング教育にコンピュータは必ずしも必要ではない」ということを説明してきました。しかし、コンピュータの操作やプログラムの記述を覚えることではなく、その根元にあるプログラミング的思考を鍛えることこそが最も重要であると理解した上でならば、やはりプログラミングは非常に有効です。その有用性について、簡単に説明しておきましょう。

✚ プログラミング経験の有用性

　プログラミング経験というのは、単にコンピュータを操作することではなくて、動くプログラムをつくってみることです。これにはコンピュータを使う方が速い、正確、わかりやすい、というような表面的な利点だけでなく、**より良い結果を生むプログラミング的思考を実践できる**、という強みがあります。

　筆者の考えでは、このとき「良い」と判断する基準には、次のようなことを挙げることができます。

考えた内容が「良い」かどうかを判断する基準の例

・目標がどの程度達成できたか？

・安全、安心で安定して使えるか？

・無駄がなくてわかりやすいか？

　アンプラグドで考えたときには最も良い解決方法を見つけたと思っても、実際に試してみるとうまくいかないというのはよくあります。「プログラミング的思考」の訓練をはじめたばかりのころは、なおさらのことでしょう。

　この点コンピュータ上では、自分の考えたアルゴリズムがこれらの基準に照らし合わせて本当に良かったのかを、簡単にすばやく試すことができます。ト

ライ＆エラーを繰り返すことで、現実的かつ最善の解決方法を探っていくことも可能でしょう。結果、プログラミング的思考がどんどん磨かれるのです。

コンピュータ上でのプログラミングを実際に経験した人と、まったく経験のない人との間に違いを感じているのは、まさにここです。やりたいことは同じだとしても、**その先のやり方の見通しをつけるという段階になると、プログラミング経験の有無によって、その具体性や実現性に大きな差が出てくるのです。**

✛ 本書でScratchを利用する理由

いよいよ次章からコンピュータ上で、Scratchというプログラミング言語を使った実践を進めていきます。その前に「なぜ数あるプログラミング言語のなかでScratchなのか？」という疑問に答えておきましょう。

Scratchはプログラミング教育によく利用されている言語です。それはやはり、「初心者でもわかりやすい」という利点によるところが大きいでしょう。

コンピュータ上でのプログラミングは、コンピュータ言語で書かなければなりません。同じ「言語」ということばがついていますが、これは私たちが日常的に話している言語とはまったく異なるものです。コンピュータは、人間の会話で用いられるような、あいまいな表現を理解することができません。そのため、コンピュータ言語は、日本語や英語に比べると、文法が厳密にできているのです。用途に応じてさまざまな種類がありますが、英単語と数式を組み合わせた文法に基づく言語が多くなっています。

一方で、手順の流れを可視化できるビジュアルプログラミングという考え方があります。その1つが教育用に考案されたScratchで、ブロックを組み立てるようなイメージでプログラミングが可能です。Scratchは、他のコンピュータ言語と同じことがすべてでできるわけではありませんが、それほど文法を気にしなくても使えます。**プログラミング的思考に沿って素直に記述できるので、はるかにわかりやすく、簡単に使えて、教育用には最適**です。

ここまで本書を読まれた方には、「プログラミング的思考は身に付けておきたいけれど、難しいコンピュータ言語の勉強まではちょっと……」という方もいらっしゃるかもしれません。Scratchは、まさにそのような思いに応えるためにもぴったりなのです。

3
時 間 目

Scratch の基本操作

Scratch プログラムの基本は、ステージ上でスプラ
イトを動かすことです。「ステージ」は舞台、「スプラ
イト」は妖精という意味で、妖精が舞台上で動くとい
うような感覚でプログラムをつくっていくわけです。
このときブロックという小さな動きの単位を組み合わ
せて、大きな動きを実現します。といっても、ことば
だけではイメージをつかみにくいと思いますので、ま
ずは触ってみながら基本の操作を確認しましょう。

Scratchをはじめるために準備することは？

ここでは最初に、Scratchの準備方法を説明します。本書ではScratch3を使いますが、Scratchは日々進化していますので、内容は適宜最新のものに置き換えてお読みください。以下の記述は、Windows10の場合です。

✚ Scratch3のインストール

Scratchは2通りの使い方ができます。本書の画面キャプチャは、（1）のものを掲載していますが、Scratchに入ってしまえば、どちらの使い方でもほとんど同じです。

（1） Scratch環境をインストールしてオフラインで使う方法

手元のパソコンにScratchアプリをダウンロードして、インストールすれば、以降はインターネットに接続しなくても使えます。ただし、使えるパソコンの種類にご注意ください。Windows10、Mac、iPadなどは使えます。

（2） インターネットに接続してオンラインで使う方法

手元のパソコンにダウンロードしなくても、以下のサイトにアクセスすればScratch環境が開きます。アカウントをつくれば、プログラムの保存や、世界中のScratch愛好家と情報共有もできます。

https://scratch.mit.edu/projects/editor/

▶ Scratchのインストール方法

以下のサイトにアクセスすると、次のような画面が開きます。

https://scratch.mit.edu/download

❶ 「Scratchアプリをダウンロード」という画面で、使用しているパソコンのOSのボタンをクリックします。

❷ 右端のスクロールバーを下にドラッグします。

❸ 「Windows用のScratchアプリをインストールする」という画面で、[直接ダウンロード]をクリックします。

❹ 画面の左下に、Scrachアプリのダウンロード情報が表示されます。ダウンロードが終了したのを確認してクリックします。

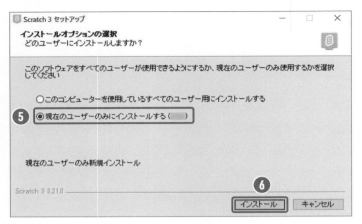

⑤ インストール画面が開きます。通常は、自分だけが使えればよいので、「現在のユーザーのみにインストールする」を選択します。

> **メモ** 複数のアカウントでこのパソコンを共用している場合は、「すべてのユーザー用にインストールする」を選択します。

⑥ [インストール] ボタンをクリックすると、インストールが始まりますので、画面の指示に従って進めてください。

インストールが完了すると、デスクトップに次のような Scratch起動用のアイコンができるので、これをダブルクリックするとScratchが使えます。

> **メモ** アイコンについている名前が「Scrach 3」となっている場合もありますが、どちらでも問題ないので安心してください。

✚ Scratch3のデスクトップ画面

Scratchを起動すると、デスクトップ画面になります。Scratchのプログラミングは、この画面上で行います。さまざまな機能は、必要に応じて使い方を説明していきますので、ここでは画面構成と基本的な使い方をご理解ください。

なお、Scratchの基本的な操作方法は、デスクトップ画面の上部に表示されている [チュートリアル] から一通り学習することもできます。先に確認しておくのもよいでしょう。

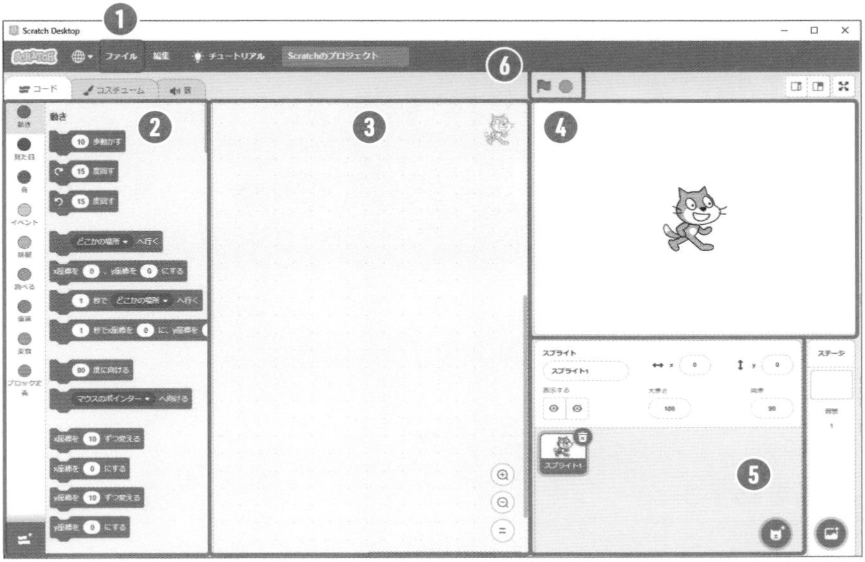

❶ ファイル：プログラムの保存や読み込みができます。［新規］で最初の状態に戻すこともできます。

❷ ブロックパレット：プログラムの作成に使用できるさまざまなブロックが並んでいます。左側には分類の一覧も表示されています。

❸ コードエリア：ここにブロックをドラッグして、コードを組み立てます。

❹ ステージ：プログラムの実行結果はここに表示されます。

❺ スプライトリスト：スプライトの一覧と選択中のスプライトの各種情報が表示されます。

❻ 実行・停止：左のボタン（［実行］ボタン）で、コードエリアのプログラムを先頭から最後まで実行します。右のボタン（［停止］ボタン）で、実行中のプログラムを止めることができます。

Scratchでプログラムの組み立てを行う流れ

Scratchでプログラムを組み立てる際は、一般的に次のような流れで行います。

Scratchで組み立てを行う流れ

① スプライトリストでスプライトを選びます。

② コードエリア上でブロックをつなぎ合せて、コードをつくります。複数のスプライトとコードの集まりがプログラムになります。

③ プログラムを実行します。通常は［実行］ボタン（⚑）で起動します。

④ 実行結果はステージに表示されます。

まずは Scratch に触って慣れよう！

　簡単な題材で Scratch デスクトップを使ってみましょう。簡単といっても、他のコンピュータ言語では意外と難しいことで、ビジュアルプログラミングができる Scratch ならではの楽しさがあります。

✦ 猫を動かす

　Scratch を起動すると Scratch デスクトップが開き、最初に猫の画面になります。まずは、ステージの中央にいる猫を少し動かしてみましょう。

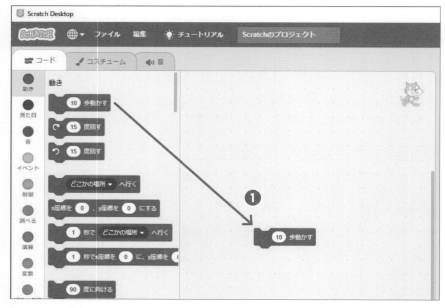

❶ ブロックパレットの先頭にある「10 歩動かす」というブロックを、マウスの左ボタンでつかみます。そのままコードエリアにドラッグし、適当な位置で離すと、その位置にブロックが置かれます。

❷ 歩数の部分をクリックして数字を入力します。ここでは100を入力しています。これで、このブロックは「100歩動かす」というコードになりました。ブロック1個でも立派なコードです。

この状態で、このブロックをクリックすると、猫が右に少し動きますが、ここではもう少しスマートに動かしたいと思います。

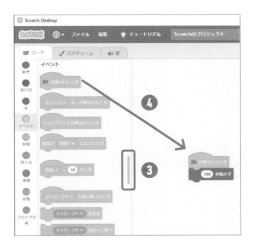

❸ ブロックパレットのスライドバーを「イベント」ブロック群が表示される位置まで動かします。

> **メモ** ブロックパレットの表示は、左端のブロック分類一覧をクリックしても変えることができます。

❹ 「イベント」ブロック群先頭の「🏳 が押されたとき」ブロックを、先に置いた「100歩動かす」ブロックの上にドラッグし、ブロックの凹凸が合う位置で離します。これで、2つのブロックから成るコードができました。

❺ [実行] ボタンをクリックします。すると、猫が右に100歩動きます。

❻ スプライトリストの、猫の位置を表すx座標が、0だったのが100になっています。

コードエリア上で複数のブロックの凹凸を合わせてつなぐことで、一連のコードができます。今つくったコードは1つだけですが、Scratchのプログラムは、どれだけ複雑なものであっても、このようなコードの集まりでできているのです。実行中のコードは、周囲が黄色の枠で囲まれてわかるようになっています。

❖ 猫を左右にどんどん動かす

コードを作成する練習として、次は「猫を左右にどんどん動かす」というプログラムをつくってみましょう。

なお作成中に、ブロックをつかむつもりがクリックになると、周囲が黄色の枠で囲まれてコードが実行されてしまいます。そのときは、もう一回クリックするか、[実行] ボタンの右にある [停止] ボタンを押せば止まります。

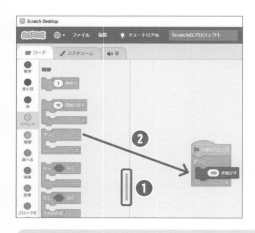

❶ ブロックパレットのスライドバーをつかんで、「制御」のブロック群の位置まで動かします。

❷ 「ずっと」ブロックをドラッグし、「▶︎が押されたとき」ブロックの凸部に、上の凹部が合う位置で離します。すると自動的に、「100歩動かす」ブロックが「ずっと」ブロックの中に移動します。

> **メモ** 「ブロックをうまくつなげることができない」「間違ってつなげてしまって困った」などという方は、こちらを読んでみてください。
> 凹凸をつなぐのは、自分で正確な位置までドラッグしなくても、近くまでくるとつながる位置にブロックの影ができるので、それを見て行います。影がないのに離してしまうと、つながらないで独立したブロックができてしまいます。ブロックをつなぎ間違えたときは、間違えたブロックをマウスの左ボタンでつかんで少しずらすと凹凸が分離するので、そのまま正しい位置にドラッグしてつなぎ直しましょう。
> ただしこの方法は、つかんだブロックから下にあるブロックも一緒に移動してしまいます。1つだけという場合は、いったん空いたところに移動した後、下の部分の先頭ブロックをつかんで元の位置に戻してください。削除する場合は、つかんだままブロックパレットまでドラッグして離せば大丈夫です。
> 他の方法として、右クリックで操作メニューを出して [ブロックを削除] することもできます。この場合はブロックを1つずつ削除することになります。

これで「猫がどんどん動く」プログラムができました。でもこのままだと、猫はどんどん右に動いて画面からはみ出してしまいます。画面の端に着いたら逆向きに動くようにしましょう。

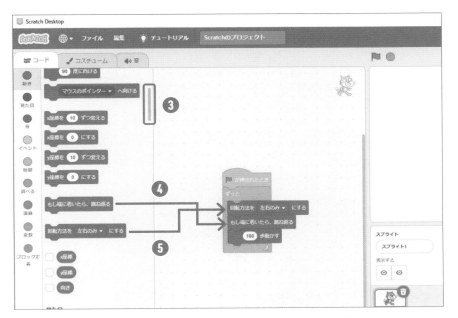

❸ ブロックパレットのスライドバーを上方に動かして、「動き」のブロック群を表示します。

❹ 「もし端に着いたら、跳ね返る」ブロックをドラッグし、「100歩動かす」ブロックの上につなげます。

❺ 「回転方法を［左右のみ▼］にする」ブロックをドラッグし、「もし端に着いたら、跳ね返る」ブロックの上につなげます。

メモ　［▼］をクリックすると他の回転方法が選択できますが、ここでは、猫が上下にひっくり返らないように［左右のみ］にします。

これで、ステージ上を猫が行ったり来たりするプログラムができました。実行するには［実行］ボタンをクリックします。すると、ものすごい勢いで動きますが、「100歩動かす」を、例えば「10歩動かす」に変えれば、ゆっくりとした動きに変えることもできます。

なお、このプログラムには、猫の動きを止めるコードが入っていないので、

猫は永久に動いています。これを止めるには、ステージ上部の［停止］ボタンをクリックします。プログラムの実行中は、［停止］ボタンは濃い赤色で表示され、プログラムを停止すると淡い赤色に変わります。

✚ 猫を歩かせる

　猫の位置は動くようになりましたが、猫（スプライト）自身は同じポーズで固まったままなので、なんだか不自然ですね。ここでは猫の表示を工夫して、歩いているような動きを実現しましょう。

❶ Scratchデスクトップ上部の［コスチューム］タブをクリックします。するとコスチューム画面になります。この画面では、スプライトとステージ背景の選択や編集ができます。

❷ 左側に、形が少し違う猫の絵（「コスチューム1」と「コスチューム2」）が並んでいます。これらを交互に表示すれば、歩いているように見せることができそうですね。

❸ 猫の絵を確認できたら、［コード］タブをクリックして元の画面に戻りましょう。

　それではコードを組み立ててみましょう。そろそろブロックの基本操作にも慣れてきたかと思いますので、ここからは組み立てたコードブロックの画像をもとに、手順を説明していきます。

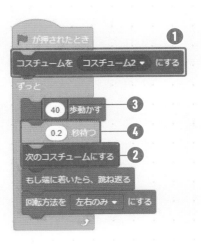

① ブロックパレットの「見た目」ブロック群の、「コスチュームを［コスチューム2▼］にする」ブロックを、「▶が押されたとき」ブロックと「ずっと」ブロックの間に置きます。

② 「見た目」ブロック群の、「次のコスチュームにする」ブロックを、「100歩動かす」ブロックの下にドラッグします。これで歩くたびに、「コスチューム1→コスチューム2→コスチューム1……」というように切り替わるようになりました。

③ でも動きが速すぎて、切り替わっているのかよくわかりません。「100歩動かす」を「40歩動かす」に変更しましょう。

④ 動きは遅くなりましたが、まだ歩いている感じではないですね。そこで一度動くたびに、少し止まるようにしましょう。「制御」ブロック群の、「1秒待つ」ブロックを、「40歩動かす」の下に置きます。ここでは、数字を「0.2秒」に変更します。

> **メモ** 数字を小さくすると早く歩き、大きくするとゆっくり歩きます。

　これで、猫が歩くプログラムが完成しました。基本操作を練習しながら、Scratchではこんなに簡単にプログラムをつくって、結果を試せることを、実感していただけたのではないかと思います。次章からはScratchでのプログラミングを、本書の目的である「プログラミング的思考」の実践を意識しながら進めていきましょう。

> **メモ** でもよく見ると、猫の既存の2つのコスチュームは、手足が同じ向きなのでまだ不自然さが残っていますね。コスチューム画面で猫の絵を編集すれば、さらに違和感ない形での表現が可能です（一例として、筆者が作成したものをサンプルファイル「3-3_cat_natural.sb3」として提供しています）。編集機能の解説は本筋から外れるので省略しますが、ぜひご自身で挑戦してみてください。

図形を描いて身に付ける
プログラミング的思考

Scratchでよく取り上げられる問題として、図形を
描いてみましょう。描きたい図形を思い浮かべ、描き
方を考え、実際に描く、という過程を通してプログラ
ミング的思考を実践するのです。定義が明確な図形な
ら、手順や技法を捉えやすく、うまく描けたかどうか
の判断も容易です。さらにより良いアルゴリズムを考
える方法も身に付けやすいので、手始めにちょうどよ
いでしょう。

図形を描くのに必要なことって？

　図形は「線」「座標」「方向」があれば描くことができます。プログラミング的思考を実践する前に、まず図形を描くための基礎知識を復習しながら、Scratchでの表現方法を確認し、簡単に図形の描き方の練習をしておきましょう。

✤ 線とは何か？

　線は図形の輪郭を表します。線で描かれた図形を線画と呼びます。線のない面の色分けだけで描かれた図形もありますが、ここでは線画のみを考えます。

　線には長さ、太さ、色という属性があります。私たちが紙の上に鉛筆で線を描くように、Scratchではステージ上に「ペン機能」を使って線を描きます。

Scratchのペン機能

　ペン機能は旧版のScratchでは標準だったのですが、Scratch3では拡張機能になっていますので、次のような操作でブロックパレットに取り込みます。

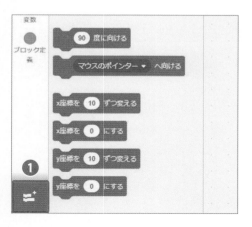

❶ 画面左下の［拡張機能を追加］にマウスを合わせ、左クリックします。

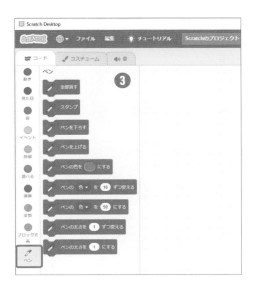

❷「拡張機能を選ぶ」の画面になるので、
［ペン］を左クリックします。

❸ 線を描くための「ペン」ブロック群が
ブロックパレットに現れます。

4
時
間
目

②の「拡張機能を選ぶ」画面では、ペン機能の説明が「スプライトで絵を描く」となっていますね。これは、スプライトがペン先になるということを表しています。すなわち、スプライトを動かすと、その軌跡として線が描かれるということです。

> **メモ** Scratch 3の拡張機能には、この他にも、音楽や音声、翻訳、センサー機能など、楽しいものがいくつか用意されています。「拡張機能を選ぶ」画面で選択すれば、ブロックパレットに取り込むことができます。

前のページの③を見てください。ブロックパレットに現れたブロックには、次のようなものがあります。

・「全部消す」ブロック

新しい図形を描く前に、これでステージをきれいにすることができます。

・ペンの上げ下ろしについてのブロック

「ペンを下ろす」で描き始め、「ペンを上げる」で描き終わります。

・ペンの色についてのブロック

線の色を指定します。

・ペンの太さについてのブロック

線の太さを1以上の数字で指定します。この数字は歩数と同じです。1が一番細い線になります。

　ペンを動かす操作は「ペン機能」ではなく、「動き」のブロックを使います。すなわちペンを下ろした後に、ペン先に相当するスプライトを動かせば、スプライトが動いた軌跡として線が描かれる、ということです。

　このとき、線の長さは歩数で表します。「歩」というのはスプライトが動く最小単位ですので、ペン先のスプライトが動く歩数が線の長さになるわけです。

座標とは何か？

　座標とは、位置を数字の組み合わせで表す考え方です。学校で習ったように、x座標が横方向、y座標が縦方向を表し、xとyの値で位置を表します。Scratchのステージにも同じ考えが用いられていて、x座標とy座標の2つの値でステージ上の位置を表します。

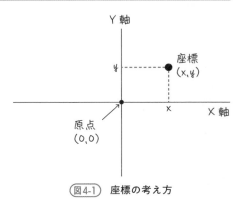

図4-1　座標の考え方

線を描くときは、「どこからどこに描くのか」という位置決めが必要で、線の描き始めの位置や描き終わりの位置を、座標で指定します。

> **メモ** 前章で猫を動かしたときには、動きに応じて画面右下のスプライトリストの情報xが変化しましたね。これが、猫の位置のx座標を示していたわけです。

▶ Scratchのステージの座標

ステージ上では、横方向がx座標、縦方向がy座標で、位置は(x,y)のように表します。ステージ中央の座標は(0,0)で、右と上方向はプラス、左と下方向はマイナスです。ステージの大きさは横方向が約500歩、縦方向が約400歩の幅があります。

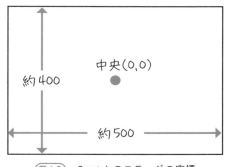

(図4-2) Scratchのステージの座標

> **メモ** ステージの大きさは、マウスで検知できるのは横方向が−240〜240、縦方向が−180〜180です。しかし、スプライトをコードで動かすときには、スプライトの大きさや使っているコンピュータによって違いが出てきます。厳密な数値は、スプライトをつかんで左下と右上に移動した後に、スプライトリストの情報（x,y）の値を確認してみましょう。

✚ 方向と角度とは何か？

方向とは、ある位置から見たときの向きのことで、一般に1つの方向を基準にした角度で表します。

線を描くときは、座標を直接指定しなくても、「描き始めの位置からどの方向に何歩動くのか」という指定でもよいのです。

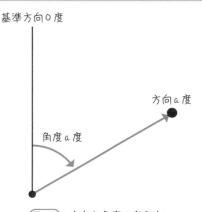

(図4-3) 方向と角度の考え方

▶ Scratchのステージの方向と角度

学校では、右方向を基準にして反時計回りに角度を測ることもありましたが、Scratchのステージでは、基準の方向は右方向ではなく上方向で、角度は時計回りで表します（図4-4）。

上方向が0度、右方向が90度、下方向が180度という具合で、一周すると360度です。

角度はどんな値でも指定できますが、方向は「−180度＜方向≦180度」の標準的な値で表されます。

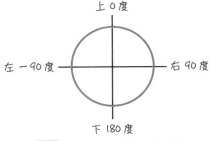

図4-4　Scratchの方向の表し方

🔷 図形を描く基本的な流れ

線・座標・そして方向（角度）、Scratchで図形を描くために必要な、基本の道具がそろいました。ステージ上で図形を描くには、ペン機能を使って次のように行うことができます。

> **Scratchで線を描く方法**
> ① ステージ上の描き始めの位置に、ペン先（スプライト）を上げたまま動かします。
> ② ペン先を下ろします。
> ③ 線の描き終わりの位置を次の方法で指定して、ペン先を動かします。
> ・座標で指定
> ・方向と長さで指定

これで線が一本描けます。この操作を、描きたい線ごとに行います。一筆描きなら、描き始めの位置を指定して、あとは上記③を繰り返して実行すればよいのです。

✈ 線を描くための準備

　それでは実際に、Scratchで線を描く練習をしてみましょう。猫をペン先のスプライトとしてそのまま使ってもいいのですが、線画らしくするために、ペン先もつくってみます。

　ペン先を動かして線を描くのですが、このとき先ほどおさらいした、座標を使うか、方向を指定するか、という2通りの描き方が出てきます。

▶ ペン先をつくる

　はじめにペン先として、「小さな丸」のスプライトをつくります。標準のスプライトには、テニスボールなど丸いものもあるので、この中から適当なものを選んで、縮小表示しても問題ありません。ただここでは、コスチューム画面に慣れるねらいもあるので、自分でペン先をつくってみましょう。

（1）猫のスプライトを削除する

　猫のスプライトを削除してから、新規のスプライトをつくりましょう。

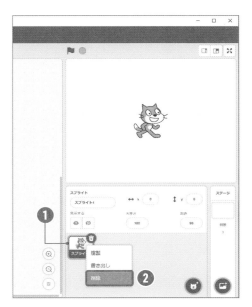

❶ スプライトリストにある猫のスプライトを右クリックします。するとサブメニューが現れます。

❷ 「削除」を左クリックします。

> **メモ**
> 猫のスプライトアイコンのゴミ箱マークを左クリックすることでも、削除できます。削除されたスプライトは元に戻すことはできません。心配なときは、サブメニューの「書き出し」でファイルにスプライトを保存しておけば、削除した後でも、読み込んで復元することができます。

x

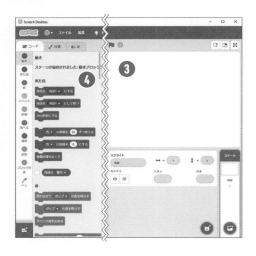

❸ 猫のスプライトがなくなります。この時点で、スプライトが何もないので、ステージは背景画面になっています。背景の絵もないので、ステージは真っ白です。

❹ ブロックパレットから「動き」に関するブロックも消えています。

> **メモ** 「動き」はスプライトにだけ必要なもので、ステージ自体は動かせないので不要なのです。「見た目」のブロック群もステージに必要なものだけ表示されています。

（2）小さな丸のスプライトをつくる

続いて、小さな丸のスプライトをつくっていきます。

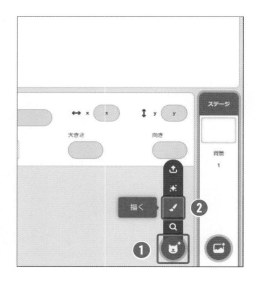

❶ 画面右下の［スプライトを選ぶ］ボタンにマウスを合わせます。クリックしなくても、合わせるだけでサブメニューが立ち上がります。

> **メモ** ここで左クリックすると、標準のスプライト一覧の画面になりますので、その中から好きなものを左クリックで選んでもよいですが、ここでは新規につくります。間違って一覧画面になってしまったら、左上の［戻る］ボタンで一覧画面を閉じます。

❷ 立ち上がったサブメニュー上で、マウスを［描く］ボタンまで移動し、左クリックします。

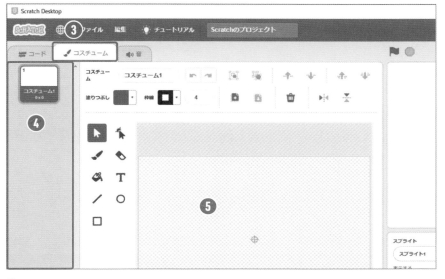

❸ コスチューム画面になります。

❹ 左端のコスチューム一覧には、空白のコスチュームができています。

❺ 描画領域は何も描かれていない状態です。中央に原点マークがあります。

　ただ、このままペン先をつくると、とても大きな丸になってしまいます。ステージ上でのサイズを小さくするために、先に丸を描く範囲を拡大して表示しておきましょう。

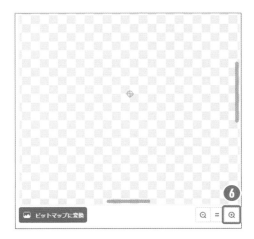

❻ 右下の［＋］ボタンを4回ほどクリックします。後ろの模様と原点のサイズを見比べながら調整しましょう。原点マークの大きさは変わりません。

> メモ　［−］ボタンは反対に模様の目が小さくなり、［＝］ボタンで最初の状態に戻ります。

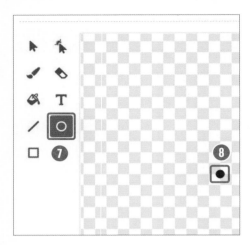

❼ 編集メニューの［○］を左クリックします。

❽ 描画領域の原点近くの左上でマウスの左ボタンを押し、円の中心が原点になるように、右下方向にドラッグします。

> **メモ** このときキーボードの［Shift］キーを押しながらドラッグすると、きれいな円が簡単に描けます。

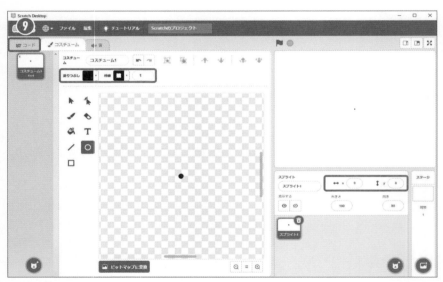

❾ これで小さな丸のスプライトができましたので、画面上部の［コード］タブを左クリックします。これでコード画面になりますので、次に小さな丸を動かすコードをつくっていきます。

> **メモ** 小さな丸がステージの中央からずれるのが気になる方は、スプライトリストのx座標とy座標に0を直接入力すれば直せます。また、画面の上部にある「塗りつぶし」や「枠線」の設定を変更すれば、好きな色のペン先をつくることもできます。余裕がある人は試してみましょう。

✦ 座標で描き終わりの位置を指定して線を描く

ペン先の小さな丸が完成したので、まずは、「座標」を使った方法で線を描いてみましょう。ここでは、ペン先を中央(0,0)から、(100,0)の座標の位置まで動かして、線を描きます。流れは次のようになります。

座標を指定して線を描く流れ

① ステージをきれいにする

② ペンを上げる

③ 中央に動く

④ ペンを下ろす

⑤ x座標が100、y座標が0の位置まで動かす

⑥ ペンを上げる

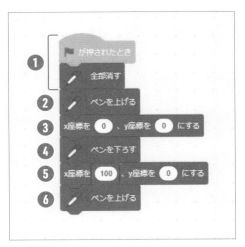

❶ 「イベント」ブロック群の先頭にある「🏳 が押されたとき」ブロックを、コードエリアにドラッグします。続けて、「ペン」ブロック群の「全部消す」ブロックをコードエリアにドラッグして、「🏳 が押されたとき」につなぎます。これで、最初にステージをきれいにすることができますね。

❷ 「ペンを上げる」をコードエリアにドラッグして、「全部消す」につなぎます。

❸ 「動き」の「x座標を [0]、y座標を [0] にする」ブロックをコードエリアにドラッグして、「ペンを上げる」につなぎます。これでペン先が中央に動きます。

❹ 「ペンを下ろす」ブロックをコードエリアにドラッグして、「x座標を [0]、y座標を [0] にする」につなぎます。

❺ 「動き」の「x座標を [0]、y座標を [0] にする」ブロックをコードエリアにドラッグして、「ペンを下ろす」につなぎます。このとき、x座標の数字の部分を左クリックして、[100] に変更します。

❻ 最後に描き終わりとして「ペンを上げる」ブロックをつなげます。

コードが完成したら、[実行] ボタンを左クリックして、想定どおりに線が描けるか試してみましょう。うまくいけば、右の図のようになるはずです。

これで、(0,0)の位置から(100,0)の位置まで、座標を指定して線が描けました。続けて、もう1つの描き方をやってみます。練習問題が続きますが、これは基本となってくる操作なので、ぜひ、両方とも自分の手で試してみてください。

✚ 方向と歩数を指定して線を描く

もう1つは、「方向と歩数（長さ）」を指定して線を描く方法です。今回は、ペン先を中央(0,0)から、右方向に100歩動かして、線を描きます。流れは次のようになります。

> **方向と歩数を指定して線を描く流れ**
> ① ステージをきれいにする
> ② ペンを上げる
> ③ 中央に動く
> ④ ペンを下ろす
> ⑤ 方向を右方向にする
> ⑥ 100歩動く
> ⑦ ペンを上げる

それでは実際にやってみましょう。手順の4番目までは、先ほどの描き方と同じなので、先のコードを修正する形でつくり直すことにします。

まずは、先ほど描いた線と移動したペン先の位置を元に戻しましょう。[ファイル]の[新規]ボタンをクリックすると、せっかくつくったコードもすべて消えてしまうので、ここでは以下のように行います。

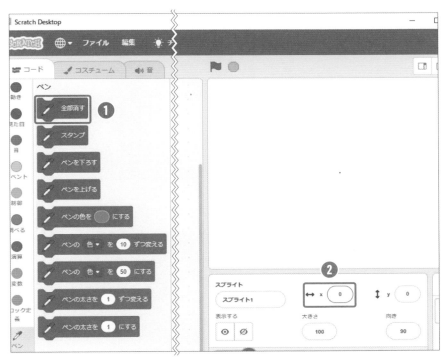

❶ ブロックパレットの「ペン」の「全部消す」を左クリックします。コードエリアにドラッグするのではなく、ブロックパレット上でクリックしてください。これで、先に描いた線が消えて、ステージがきれいになりました。

❷ スプライトリストのx座標の数字を[0]に変更します。これで、ステージの小さな丸が中央に戻ります。

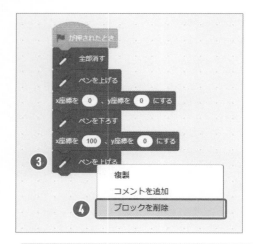

❸ コードの一番下の「ペンを上げる」ブロックを右クリックします。左クリックではなく、右クリックです。すると、サブメニューが現れます。

❹ サブメニューの［ブロックを削除］をクリックします。これでブロックが削除されます。

> **メモ** ブロックは1つずつ削除されますが、制御や演算のブロックが入れ子になっている場合は、内側のブロックも一緒に削除されます。この場合は、削除されるブロック数が表示されます。もし、内側のブロックだけを削除したい場合は、内側のブロックを右クリックします。

同じような方法で、「x座標を［100］、y座標を［0］にする」ブロックも削除しましょう。コードが次のような状態になれば、準備完了です。

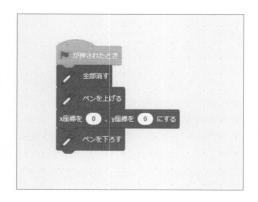

> **メモ** 連続する複数のブロックをまとめて削除する場合は、先頭のブロックをマウス左クリックでつかんで、ブロックパレットまでドラッグすることでも可能です。

ここから、今度は「方向と歩数（長さ）」を指定して、同じ線を描きましょう。

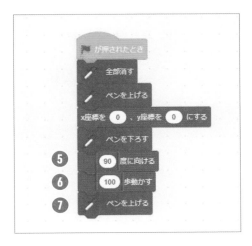

⑤ 「動き」ブロック群の「[90] 度に向ける」ブロックを、「ペンを下ろす」につなぎます。これで方向が右に向きました（p.50参照）。

⑥ 同様に、「[10] 歩動かす」ブロックをその下につなぎます。歩数「10歩」を[100歩]に変更します。

⑦ 最後に描き終わりとして「ペンを上げる」ブロックをつなげます。

　これで、(0,0)の位置から右方向に100歩動かすことでも、線が描けました。座標で描き終わりの位置を指定して描いたときと、ステージ上の結果を比べてみましょう。同じ線が描けているはずです（p.56参照）。スプライトリストの情報を見ると、描き終わりの位置のx座標がいずれも100になっています。

　斜めの線があると、描き終わりの位置の座標がわからなかったり、逆に座標はわかっても、方向と長さをうまく指定できないこともあるでしょう。したがってこの2つの方法は、状況にあわせてうまく使いわけていくことが必要です。すなわち、**描き終わりの位置の座標がわかっていれば、そこまで動かせばよいし、方向と長さがわかっていれば、それらを指定して描けばよいのです。**

　これで線を描く練習は終わりです。ここからは、線の描き方とプログラミング的思考を駆使して、いろいろな図形を描いてみます。

> **メモ**　ここまで、直線だけしか描いてませんが、Scratchでは、曲線は直線を組み合わせてコードで描くようになっています。以降の作図の過程で、さまざまな曲線の描き方も推測できると思います。

正三角形を描くにはどうすればよいの？ （直列の考え方）

　まずは定番の、正三角形を「目標」にします。繰り返しになりますが、重要なのはプログラミング的思考に沿って、頭の中で解法を考えてみることです。

✛ 目標を明確にする（正三角形とは何か？）

　まずは「目標」をしっかりと頭に思い浮かべます。これは、自分が何をつくりたいのかを明確にすることです。

　では、目標となる正三角形はどんな三角形でしょうか？　学校では、**「正三角形は3つの辺の長さが等しい三角形」**と習いました。下の2つの三角形で、左は正三角形ですが、右は違います。左は同じ長さの線で囲まれていますが、右は線の長さが違うからです。そこで「辺の長さがすべて等しい」という点に注意しながら、今回は辺の長さが100歩の正三角形を目指すことにしましょう。

　ここでの作業は、当たり前のことだと思われるかもしれませんが、非常に重要です。目標を言語化したり、図に表したりしておくことで、思わぬ盲点や解決への糸口が見つかることもあります。

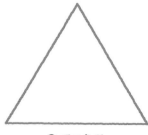

○ 正三角形

× 正三角形ではない

図4-5 正三角形を思い浮かべる

✦ 正三角形を描くデザインを考える

　「目標」を決めたら、それを表現するための「デザイン」を考えます。これはすなわち、「やりたいことを実現するためには何があればよいか」、そして「それをどう表現するか」を決めることでしたね。

　では、少し昔を思い出してみてください。みなさんは、小学校のころにどうやって正三角形を描いていたでしょうか？

▶ 学校で習った正三角形のデザイン

　おそらく小学校では、正三角形を次のように描いたかと思います。このように、「コンパス・定規・鉛筆」を使って、「紙の上に表現する」というのも、正三角形を描くための立派なデザインの１つです。

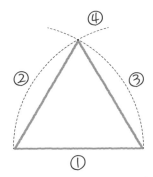

（図4-6）　コンパスを使った正三角形の描き方

> ①まず、定規で１本の線を描きます。
> ②線の右端を中心に、コンパスで線の長さを半径とする弧を描きます。
> ③線の左端を中心に、コンパスで線の長さを半径とする弧を描きます。
> ④２つの弧の交点と、線の左端、右端をそれぞれ線でつなぎます。

　しかし今回は、Scratchでコンピュータの画面上に正三角形を描きたいわけですから、定規やコンパスといった道具がそのまま使えません。そこで、新たなデザインを考える必要があります。

1 時間目

2 時間目

3 時間目

4 時間目

5 時間目

6 時間目

Scratchでの正三角形のデザイン

すでに見たようにScratchで用いることのできる道具は、「線」と「座標」と「方向（角度）」です。これらの道具を用いて正三角形を描く、別のデザインを考えてみます。

三角形を分解すると、3つの辺と角でできています。この辺と角について、3つの条件がわかれば、三角形を描くことが可能です。例えば、次のような条件があれば、描くことができます。

> **三角形を描くことができる条件**
> ・3つの辺の長さがわかっている
> ・2つの辺の長さと、どれか1つの角がわかっている
> ・1つの辺の長さと、どれか2つの角がわかっている

メモ　コンパスで正三角形を描くのは、一番目の「3つの辺」を使っていたのですが、正三角形は3つの辺が等しいので、コンパスで同じ長さの辺にしたわけです。

もう1つ、「**三角形の内角の和は180度**」ということを覚えているでしょうか。つまり、三角形の内側の角3つの角度を合計すると、180度になるということです。正三角形の角はどれも等しいので、1つの内角は180度÷3＝60度です。Scratchでは、方向（角度）の機能を使うことができるので、これはとても重要なポイントです。

そこで、この「方向」を生かして、次のようなデザインを考えてみます。

・1つの辺の長さを与えます。
　ここでは100歩とします。

・コンパスの代わりに分度器を
　使う要領で、60度の角度を
　与えます。

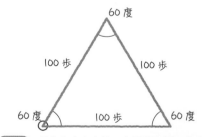

（図4-7）　長さと方向を使った正三角形の表し方

このように「線」と「方向」を組み合わせ、「ペン先の小さな丸を画面上で動かして表現する」というデザインで、正三角形が描けそうです。

正三角形を描くアルゴリズムを考える

辺の長さが100歩、1つの内角が60度、そしてペン先が小さな丸というデザインに沿って、実現方法をいくつか考えてみましょう。

（1）2辺とそれらに挟まれた角を使う方法

まず、2つの辺とその間の角を使う方法です。これは分度器を使った方法として、学校で教えられた方もいるかと思います。辺は左下から描き始めるので、この場合の「挟まれた角」は、左下の角を指します。

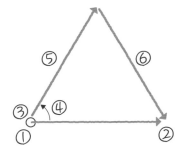

（図4-8）　正三角形を描くアルゴリズム　その（1）

① 小さな丸をステージ中央に置いて、ペンを下ろします。

② 右方向に100歩動かします。これで長さ100歩の線が描けます。

③ ペンを上げて、小さな丸を中央に戻します。

④ 左回りに60度回します。これで右上方向（30度）に向きます。

⑤ ペンを下ろして100歩動かします。これで右上方向（30度）に長さ100歩の線が描けます。

⑥ 描き終わりの位置から、②で描いた線の右端まで小さな丸を動かせば、正三角形ができます。

1 時間目

2 時間目

3 時間目

4 時間目

5 時間目

6 時間目

⑥を行うためには、②で右端の位置を覚えておく必要がありますが、「位置を覚えておく」というのは、今はまだどうすればいいかわかりませんね。そこでかわりに、次のように描く方法も考えておきましょう。

> ⑥の代案：描き終わりの位置から、右下方向（150度）に100歩動かせば、正三角形ができます。

（2）2辺と他の角を使う方法

三角形を描くことができる条件の1つは、「2つの辺と、どれか1つの角がわかっている」でしたね（p.62参照）。つまり、1つの角は、他の角でもよいのです。そこで、先ほどとは別の角を使った方法も考えてみましょう。ここでは、左下ではなく、右下の角を使うことを考えます。この場合も、①～②に変わりはありません。

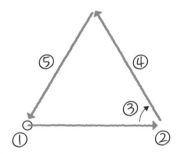

(図4-9) 正三角形を描くアルゴリズム　その(2)

> ① 小さな丸をステージ中央に置いて、ペンを下ろします。
> ② 右方向に100歩動かします。これで長さ100歩の線が描けます。
> ③ 小さな丸が右端にいる状態で、方向を左上方向（－30度）にします。
> ④ 100歩動かします。これで左上方向（－30度）に長さ100歩の線が描けます。
> ⑤ この描き終わりの位置から、中央まで小さな丸を動かせば、正三角形ができます。

この場合、⑤で動かす中央の座標は(0,0)ですから、「位置を覚えておく」という必要はありませんね。

（3）1辺と2つの角を使う方法

最後に「1辺と2角を使って描く」手順も考えてみましょう。これも①〜②は同じです。

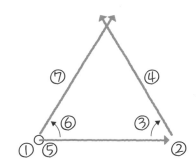

（図4-10）　正三角形を描くアルゴリズム　その（3）

① 小さな丸をステージ中央に置いて、ペンを下ろします。
② 右方向に100歩動かします。これで長さ100歩の線が描けます。
③ 小さな丸が右端にいる状態で、左上方向（−30度）にします。
④ 適当な長さだけ動かします。これで、左上方向（−30度）に適当な長さの線が描けます。
⑤ ペンを上げて、小さな丸を中央に戻します。線の左端に来ます。
⑥ 小さな丸が左端にいる状態で、右上方向（30度）にします。
⑦ ペンを下ろして適当な長さだけ動かします。これで2つの線が交わって正三角形ができます。

> **メモ**　上の方に線がはみ出して、少々不格好ですが、上記④と⑦で100歩動かす、ということにすれば、きれいな正三角形になります。ただ、ここでは④と⑦での辺の長さは、条件には入っていないので、あえて適当な長さということにしました。

✚ 考えた手順を比較してみる

　同じ正三角形を描く、いくつかの手順を考えましたが、Scratchで実際に描くにはどれが一番よいでしょうか？

　先に結論を言うと、次のように順番をつけることができそうです。

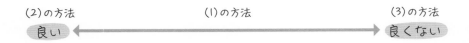

（2）の方法　良い　←——————————————→　（3）の方法　良くない
（1）の方法

　なぜなら、**2番目の方法は、一度ペンを下ろしたらそのまま描き続ける、いわば一筆描きになっていて、ペンを上げて小さな丸を動かす余分な操作が入っていない**のです。3番目の方法は手順が一番長いので最も良くありません。学校で分度器を使って三角形を描く場合は、1番目に考えた方法が自然でしたが、Scratchの場合は必ずしもそうではないのですね。

　この程度の問題では、どの手順でも気にならないかもしれませんが、一般には同じことをやるにしても、一番効率的な手順を考える、ということはとても大切なことです。2章のアンプラグドで考えた、学校に行く道順も、道のりが最も短くなるように考えましたね。2章では、Scratchでのプログラミングまでは考えなかったのですが、実際にプログラムをつくってみると、最短の道のりで行かないで適当に進んだりすると、ずいぶん時間がかかったりすることがわかります。

　アルゴリズムは手順と言い換えてもよいことばですが、そこには「できるだけ効率的に行う工夫を盛り込んだ手順」という意味も込められています。この場合は、一筆描きが最も良いアルゴリズム、といえそうです。

　手順を考えたらどんどん先に進むのではなく、いくつかの手順を比較検討してみることは、良いアルゴリズムをつくるためには必要なことです。これは、2章でも紹介した、原因から本質的な解決策を探るという「確認の方法」に関する技法です。どのアルゴリズムでも、結果としては同じ正三角形が描けますから、このような比較を行わないと、たまたま考えついたやり方で先に進んでしまうことになり、プログラミング的思考とはいえませんね。

それでは、2番目の一筆描きのアルゴリズムを、Scratchで実現していきましょう。

✚ 正三角形を描くプログラムを組み立てる

一筆描きのアルゴリズムをもう一度おさらいします。

① 小さな丸をステージ中央に置いて、ペンを下ろします。

② 右方向に100歩動かします。これで長さ100歩の線が描けます。

③ 小さな丸が右端にいる状態で、左上方向（−30度）にします。

④ 100歩動かします。これで左上方向（−30度）に長さ100歩の線が描けます。

⑤ この描き終わりの位置から、中央まで小さな丸を動かせば、正三角形ができます。

このアルゴリズムに従って、コードを組み立てていきましょう。ペン先のスプライトは、先につくった小さな丸を使います。

なお以降は、猫のスプライトの削除と、ペン先の小さな丸の作成についてはすでにできているという前提で話を進めていきます。小さな丸のスプライトのコード画面で、正三角形の一筆描きコードをつくりましょう。

▶ アルゴリズムに沿って正三角形を描く

①〜②の過程は、線を描く練習をした際につくったコードとまったく一緒になりますね（p.59参照）。ただし、今回は一筆描きをしたいので、このコードから最後の「ペンを上げる」ブロックを削除して、次のようなブロックを準備しましょう。これに付け加える形で、コードを作成していきます。

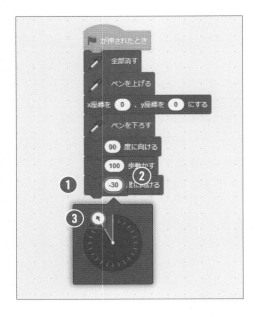

❶ 方向を変えるために、「[90] 度に向ける」ブロックを、「[100] 歩動かす」ブロックの下につなぎます。

❷ 90度は現状の右方向ですから、これを変えましょう。[90] 度の部分を左クリックします。

❸ すると、角度計が現れます。直接角度の数値を入力してもいいですが、ここでは、角度計の矢印が付いた丸をつかんで動かし、左上方向の [－30] 度にします。

> メモ　角度計は、コードエリアの角度計以外のどこかをクリックすると消えます。

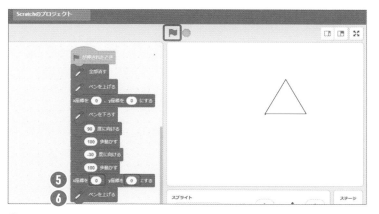

❹ 「[10] 歩動かす」ブロックを「[－30] 度に向ける」ブロックの下につなげます。[10] 歩の
　部分を左クリックで選択して、[100] と入力します。

　この段階で一度、[実行] ボタンをクリックし、アルゴリズムを考えた段階
で想定していたとおりに組み立てが進んでいるか、確認するのもよいでしょう。
実行してみると、ステージに正三角形の2辺まで描かれます（p.67の④まで
完成）。あとは開始点に戻る線を描けばよいですね。

❺ 「[100] 歩動かす」ブロックの下に、「x座標を [50]、y座標を [87] にする」ブロックをつ
　なぎます。(50,87)というのは、現在のステージ上でのスプライトの座標を示しています。開始
　点はステージの中央、つまり(0,0)でしたから、それぞれ数字を [0] に修正します。

❻ 最後に描き終わりとして「ペンを上げる」ブロックをつなげます。

　これで目標の、正三角形の作図プログラムができました。[実行] ボタンを
クリックすると、ステージ上に正三角形ができるはずです。

▶ 正三角形の一筆描きがわかるようにゆっくり描く

　でもいざ完成してみると、少し物足りないと思うかもしれません。このプログラムは、[実行] ボタンで瞬時に正三角形ができてしまうので、せっかく一筆描きで描いたのに、その雰囲気がわかりませんね。

　このように、「一応できたけど物足りない」というときに、一歩突っ込んで考えてみるのも、**現象から原因を探る**という「確認の方法」に関する技法といえます。

　ここでは、三角形の角にきたら、少し待つことにします。そうすれば、ペン先の動きがわかるようになるはずです。ついでに、線の色や太さも好きなものに変えて、改良版をつくってみましょう。思ったとおりの動きになったかどうかは、Scratch上で実行して確かめてみてください。

> **メモ**　ペン先をゆっくり動かす方法は、この他にもあります。例えば「動き」の中にある「[1] 秒でx座標を [0] に、y座標を [0] に変える」というブロックを使えば、ペン先がゆっくり1秒かけてステージ中央に動きます。

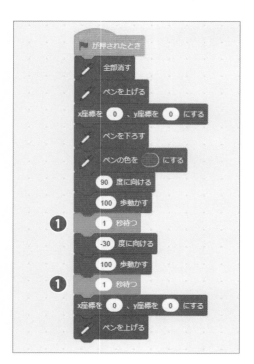

❶「制御」ブロック群の「[1] 秒待つ」ブロックを、「[100] 歩動かす」ブロックの後にそれぞれ挿入します。これでペン先を動した後に、1秒ずつ待つようになりました。

> **メモ**　実行すると、今度はしばらくの間、ステージの上にある [停止] ボタンが赤くなって、実行中であることがわかります。
> さらに、コードエリアの実行中のコードが黄色の枠で囲まれます。これはコードが複数あるときは、とても便利な機能です。動きがおかしい場合に、プログラムのどこが間違っているのかを追跡するのに役立ちます。

> **メモ**　線の色を変えるには、「ペンの色を [~] にする」ブロックを挿入します。色の部分をクリックすることで、好きな色に変更することができます。

▶ 直列の概念

ブロックをつないでできたコードは、上から順に実行されます。これを**直列**といいます。まっすぐに上から下に順番に実行される、という意味ですね。

Scratchに限らず、コンピュータ言語の実行の基本は直列です。つまり、書かれた順に実行する、ということです。したがって、Scratchでブロックのつなぎ方を間違えると、間違った順に実行されてしまいます。例えば、「進んでから曲がる」のと「曲がってから進む」のとでは大違いです。

でも考えてみれば、**実直に書かれた順に実行する、というのは、プログラミング的思考にとってとても重要なこと**なのです。例えば、「現象から原因を探る」という技法を使う場合に、「こういう結果になるのは、このように実行されたからだ！」というように、実行の順序を推測してつなぎ方の誤りに気が付く、ということができるわけです。

▶ プログラムの保存と読み込み

これで「目標」を1つ実現することができましたね。一休みしたい方もいるかと思いますので、できあがったプログラムは保存しておきましょう。こうすれば後日読み込んで、保存した状態から再開することもできます。

デスクトップ上部のツールバーにある［ファイル］ボタンをクリックすると、メニューが現れるので、［コンピューターに保存する］を左クリックします。これで保存先のファイル名を指定して、保存できます。ファイル名の指定の仕方は、システムによって違いますが、Scratch3のプログラムであることがわかるように、最後に「.sb3」という拡張子がつきます。今回は三角形（triangle）の作図の一回目ということで、「01triangle.sb3」というファイル名で保存しておきます。

デスクトップを閉じて、その後再開したとき、保存したプログラムを読み込めば、作業を継続することができます。これも、ツールバーの［ファイル］から、［コンピューターから読み込む］を左クリックして、保存したファイル名を指定すればよいのです。

次の節は今回の続き、一度終了した方は、保存したプログラムを読み込んだ状態という前提で説明していきます。

もっとスマートに正三角形を描きたい！（繰り返しの考え方）

　正三角形を描く、という最初の目標は達成できました。でも、できあがったプログラムは、同じような処理が何度も出てきて、なんだか冗長な感じがしますね。基本の「直列」は、同じようなことを何度も書くので、どうしてもコードが長くなってしまいます。

　そこで、アルゴリズムに立ち戻って、手順を見直してみましょう。この作業は、正三角形だけでなく、後々いろいろな図形を描くときにも生きてきます。

✚ 一筆描きのアルゴリズムをもう一度考え直す

　前回作成した正三角形の一筆描きのアルゴリズムについて、要点のみに絞って表現すると、次のようになります。

> （ア）ペン先をステージ中央に置きます。
>
> （イ）方向を右にして、辺の長さ分だけ動かします。
>
> （ウ）方向を左上にして、辺の長さ分だけ動かします。
>
> （エ）出発点の座標を指定してステージ中央に戻ります。
>
> 　　　（＝「方向を左下にして、辺の長さ分だけ動かす」）

　ここで、（エ）の部分は「方向を左下にして、辺の長さ分だけ動かす」ということでも同じです。一筆描きのアルゴリズムとしては、むしろこの方が良いかもしれません。そこで、（エ）の手順を、「座標」ではなく「方向」と「長さ」を使用するものに入れ替えてみましょう。

　この場合、辺の長さが100歩の正三角形の、新たな一筆描きのアルゴリズムは、次のようになります。

1 時間目

2 時間目

3 時間目

4 時間目

5 時間目

6 時間目

（ア）ペン先をステージ中央に置きます。

（イ）方向を90度に向けて、100歩動かします。

（ウ）方向を反時計回りに120度回して、100歩動かします。

（エ）もう一回、方向を反時計回りに120度回して、100歩動かします。

　このアルゴリズムは、2回方向を変え、3回100歩動きます。つまり、「同じことを何回もしている」ということですね。このような処理を、もっと効率的に実現する方法はないでしょうか？

> **メモ**　お気付きの方もいるかと思いますが、もっと角数の多い多角形を描くときには、同じことをする回数が増えていきます。つまり今のうちに、同じことを効率的に実現する方法を身に付けておけば、正方形や正五角形の作図でもっと楽できる、ということです。

▶ 繰り返しの考え方

　同じことを何回も行うとき、繰り返しという便利な記述法があります。これは、わかりやすい構造にするための「作製の技術」に関する技法の1つです。プログラミングでは一般には次のように記述します。左側は繰り返す回数を指定する方法、右側は条件が成り立つ間繰り返す方法です。

> 以下の [ ] 内を〜回繰り返す。
> [繰り返す処理]

または

> 以下の [ ] 内を〜まで繰り返す。
> [繰り返す処理]

　左側の方法を使うと、辺の長さが100歩の正三角形の一筆描きアルゴリズムは、次のように記述できます。こうすることで、直列の場合は（エ）に相当する部分を複数回記述していたのに対し、1回の記述で済ませることができます。

（ア）ペン先をステージ中央に置きます。

（イ）方向を90度に向けて、100歩動かします。

（ウ）以下を2回繰り返します。

（エ）[方向を反時計回りに120度回して、100歩動かします。]

ただそのかわり、（ウ）の繰り返しの回数を指定する記述が入ったので、短くなった感じがしないかもしれませんね。でもこの先、正多角形を描くときにありがたみが実感できると思います。

　さらにもう一歩進んで考えてみましょう。今のままだと（イ）が仲間外れになっていて、繰り返しとは別に最初の横線を描いています。これを次のように工夫すれば、最初の線も繰り返しの中で描くことができます。

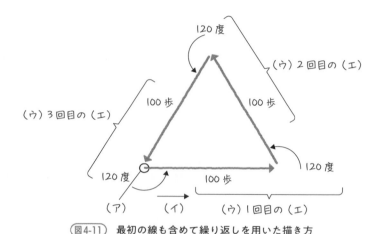

（図4-11）　最初の線も含めて繰り返しを用いた描き方

（ア）ペン先をステージ中央に置きます。

（イ）方向を90度に向けます。

（ウ）以下を3回繰り返します。

（エ）［100歩動かして、方向を反時計回りに120度回します。］

　（エ）で先に100歩動かしてから方向を変える、という手順になりました。最後に中央に戻ったときにも方向を変えるという操作が入ってはいますが、記述としては一番すっきりしています。

　これなら、正三角形でも、任意の正多角形でも、繰り返しの回数と［ ］内を変えるだけで、同じ手順で描けそうです。これこそが繰り返しを使うメリットなのです。すなわち、**正多角形の角数がいくら増えても、コードの長さはこの4行で変わらない**ということですね。直列のコードでは、角数が増えると、

角数分だけの（エ）のブロックを並べないといけませんから大変です。

　ここでは問題を広げるという技法も使っています。「正三角形から正多角形に問題を広げている」ということです。これについては、もう少し先でも説明します。

　それでは、実際に組み立ててみましょう。

🔶 繰り返しを使って正三角形を一筆描きする

　先ほど改善したアルゴリズムに従って、前回つくったプログラム（p.70参照）を手直ししていきます。

❶ 不要となった、1つ目の「[1] 秒待つ」ブロックより下を削除します。今回は特定の方向に向けて動くのではなく、現在向いている方向を基準に回転を繰り返すことになるので、「[−30度] に向ける」ブロックも削除してしまって構いません。

❷ 「動き」ブロック群にある「[15] 度回す」ブロックを、「1秒待つ」ブロックの下につなげます。このとき、反時計回りのマークがついたものを選んでください。[15] 度を [120] 度に修正すると、反時計回りに120度回転させることができます。

　このコードの、下から3つのブロックの動作を3回繰り返すことができれば、改善したアルゴリズムどおりに正三角形を描くことができそうです。こんなときScratchでは、「[〜] 回繰り返す」ブロックで、繰り返しを実現することができます。

1 時間目

2 時間目

3 時間目

4 時間目

5 時間目

6 時間目

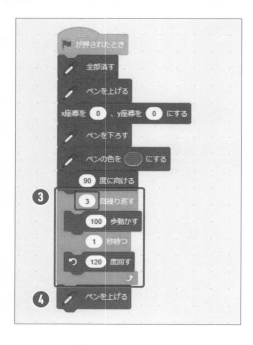

❸「制御」ブロック群にある、「[10] 回繰り返す」のブロックを、「[90] 度に向ける」ブロックの下につなげます。このとき、コードの「[90] 度に向ける」より下にあるブロックのすべてが、繰り返しブロックの中に入ります。繰り返しの回数は、[10] 回から [3] 回に修正しましょう。

❹ 最後に描き終わりとして「ペンを上げる」ブロックをつなげます。

　これで、繰り返しを使った正三角形の一筆描きのコードができました。繰り返しを使わなかった前回の直列だけのプログラムと比べて、少しすっきりしていますね。「コードがすっきりしている」ということには、次のような効果があることにも注目です。

・何をやっているのか誰の目にもわかりやすいため、修正もしやすい
・融通が利く（拡張性が高い）ため、問題を広げる一般化を行いやすい

　大きなプログラムになると、とても一人ではつくれないので、複数の人が協力することになります。したがって「誰の目にもわかりやすい」ことはとても重要で、効率よりも優先される場合もあるのです。

メモ　どこで何をやっているのかわかりにくいプログラムを、「スパゲティプログラム」と言ったりします。コードが絡み合って整然としていないことを皮肉っているのですね。

　できあがったプログラムをファイルに保存しておきましょう。ここでは、「02triangle.sb3」というファイル名で保存しておきます。

他の図形も簡単に描ける方法はない？　（関数の考え方）

1 時間目

2 時間目

3 時間目

4 時間目

5 時間目

6 時間目

　前回考えたアルゴリズムの強みは、**他の正多角形を描くときにも応用が利く**という点にあります。つまり、繰り返しの回数と繰り返す処理を少し変えれば、角の数が変わっても柔軟に対応できるのです。これは先にも述べた、「問題を広げる」という技法のメリットです。

✚ 繰り返しを使ったプログラムで正方形を描く

　ここでは試しに、正方形を描いてみます。1つの内角が正六角形は120度、正八角形は135度というようなことを知っていれば、他の正多角形も同じように描けるはずです。ぜひ、チャレンジしてみてください。

> **メモ** 描きたい正多角形によっては、線がステージをはみ出して、ゆがんでしまうことがあります。これは Scratch の制約上、どうしようもないことなので、一辺の長さを短くして、図形を小さくしましょう。

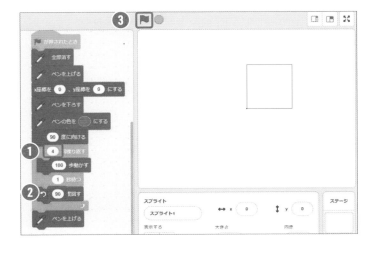

❶ 繰り返しの回数を、角数の［4］回に修正します

❷ 正方形の内角は90度なので、「［120］度回す」ブロックを［90］度に修正します。

❸ ［実行］ボタンを左クリックすると、ステージに正方形が描かれます。

✚ 正多角形を描くアルゴリズムの見直し

　これでどんな正多角形でも、一辺を適正な長さにすれば、ステージ上に描くことができるようになりました。でも、まだ次の点に少し不満が残ります。

・**プログラミングの変更か所が複数ある**

　変更か所が増えれば増えるほど、誤って変更してしまうリスクが高まります。例えば、角度を変更するつもりだったのに、歩数のブロックを間違って変えてしまうかもしれません。こういうミスは意外と多いものです。

・**描きたい正多角形の分だけプログラムが必要になる**

　正三角形と正方形を描きたいときは、繰り返し回数と回す角度を書き換えた2種類のプログラムが必要です。変更するのは2か所なのに、コード全体をコピーしなくてはならないというのは、無駄な気がしませんか？

　これらの不満を解決し、よりわかりやすいプログラムを実現するために、「関数」という考え方を紹介します。これは、「作製の技術」の**大きな処理単位で捉える**という技法に含まれるものです。

　その意味を理解していただくために、繰り返しを使った先ほどの方法を、もう一度よく見直してみましょう。現象から原因を探ると、次のようなことに気が付くかもしれません。

▶|毎回、何を変更していたのか？|

　どんな正多角形も同じ一筆描きプログラムで描けましたが、その際に角数によって、次のような変更を行っていました。

① 繰り返しの回数の変更
② 回転する角度の変更

①は角数と同じなので、特に問題はないでしょう。ただ、②は少し厄介です。

②の変更には、「1つの内角が何度なのか」がわかっている必要があります。しかし例えば、正十二角形の場合はどうでしょうか。何度にすればよいのか、すぐに答えられる方は、少ないのではないでしょうか。とは言っても、「正十二角形は内角が150度なので、反時計回りに30度回転させればよい」などと、一つひとつ覚えていくのは大変ですね。

実は、角数がわかっていれば、②の角度は自動的に決まるのです。そこで、いちいち手で入力しないで、角数から計算する方法を実現できないか考えましょう。

▶ 角数から方向の変更角度を求めるには？

さて、学校で習った図形の性質を思い出してください。正多角形の内側の角度が**内角**ですが、反対に「180－内角」のことを**外角**といいました。そして、**1つの正多角形のすべての外角の和は360度になる**と学んだはずです。

これは、どこか1つの角に着目して、その頂点を通る各辺に平行な線を引いてみると、平行線の角の性質から、着目した角の頂点の回りにすべての外角がぐるりと集まることでわかります。あるいは、すべての頂点での内角と外角の総和から内角の和を引くことでも求められます。

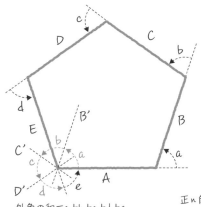

外角の和＝a＋b＋c＋d＋e
平行線の角の性質から、
左下にすべての外角を集める。

内角＋外角＝180

正 n 角形の内部に三角形が n−2 個できる。
三角形の内角の和＝180 度
したがって正 n 角形の内角の和　s＝180×（n−2）
正 n 角形のすべての頂点の内角と外角の総和　S＝180×n
外角の和　S−s＝180 n−180（n−2）＝360

（図4-12）　**正多角形のすべての外角の和は360度になることの証明**

②での変更角度は、1つの外角と同じです。1つの外角は、外角の和（360度）を角の数で割ったものですから、これは次の計算式で求められますね。

> **角数から方向の変更角度を求める式**
> 正n角形の1回の変更角度＝360÷n

> **メモ**　「割り切れないときは？」という心配がありますが、Scratchがうまく四捨五入してくれますので心配する必要はありません。

▶ 関数の考え方

正n角形を描くアルゴリズムを、ここで一度整理しておきます。先ほどの、「角数から方向の変更角度を求める式」を利用すれば、次のように表すことができます。

> （ア）ペン先をステージ中央に置きます。
> （イ）方向を90度に向けます。
> （ウ）以下をn回繰り返します。
> （エ）［辺の長さだけ動かして、方向を反時計回りに**360÷n**度回します。］

角数（n）が増えても対応できるようにはなりましたが、これはnが変わるたびに、毎回頭から全部描き直しをしなくてはなりません。

そこで、「作図だけを専門に行うプログラム」が別にあるとするとどうでしょう。このとき、正n角形を描くアルゴリズムは次のようになります。

> （ア）ペン先をステージ中央に置きます。
> （イ）方向を90度に向けます。
> **（ウ）角数と辺の長さを与えて「正n角形を描く」関数に作図をお願いします。**

もちろん、作図を行うプログラムは、先のアルゴリズムと同じことを行う必要があります。そこで、次のページに示したのが、作図だけを行うアルゴリズムです。

1 時間目

2 歩目目

3 歩間目

4 時間目

5 時間目

6 時間目

[作図関数]

（エ）以下をn回繰り返します。

（オ）［辺の長さだけ動かして、方向を反時計回りに360÷n度回します。］

　こうすると、**いろいろなnに対して、変更するのは（ウ）の1行だけでよい**のです。そうすれば、（エ）〜（オ）のnにも、数字が反映されるので、いちいちすべてを手で書き直す必要がなくなる、ということです。

　このような仕組みを本書では関数といいます。そして（エ）〜（オ）を関数定義、（ウ）を関数呼び出しといいます。

✚ 関数を使って正多角形を描く

　では、関数の仕組みを使ったアルゴリズムに従って、正多角形の作図プログラムを手直ししていきます。最初はかなり難しいと感じるかもしれませんが、少しずつ考え方に慣れていきましょう。

　まず、（エ）〜（オ）の部分に相当する作図関数をつくります。イメージとしては、関数はいろいろな処理を詰め込んだブロックだと考えていただくとよいかもしれません。つまり、「[10] 歩動かす」ブロックと同じように、1つで（エ）〜（オ）の処理を行うことができるブロックを、あなたが新たにつくるのです。このような関数定義を、Scratchではブロック定義といいます。同じように、関数呼び出しのことも、ブロック呼び出しといいます。

　そこで以下では、アルゴリズムを考えるときの「関数」は、Scratchの組み立て段階では「定義ブロック」と呼ぶことにします。

▶ ブロック定義

　Scratch3では、定義ブロックをヘッダとコードで定義します。

　ヘッダは、ブロックの名前と引数を定義する部分で、このブロックを呼び出すときのひな型になっています。ブロックの名前は、スプライト内で固有な文字列なら何でもよいのですが、できるだけこのブロックの役割がわかるような単語を使いましょう。

　引数は、呼び出し方によって変化するデータを受け取るためのもので、この

ブロック内だけで使えます。例えば、先ほどの「作図関数」の場合、角数のn
が引数の1つです。正三角形の場合は3、正六角形の場合は6といったように、
呼び出し方によってデータが変化するというわけですね。名前は、ブロック内
で固有な文字列なら何でも構いませんが、これもできるだけ役割がわかるよう
な単語にしましょう。

> **メモ** スプライト内に複数の定義ブロックがあるとき、ブロックの名前は違うものにする必要
> がありますが、引数の名前はスプライト間で同じ名前があっても構いません。

　コードは、関数定義の本体で、ブロック呼び出しで実行されるコードになり
ます。このコード内で、ヘッダで定義された引数を使います。呼び出し側から
受け渡されたデータが、コード内の引数部分にはめ込まれるわけです。

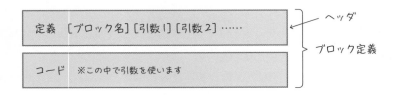

　ここで考えた作図関数は、「プログラムの部品」として理解することもでき
ます。ブロック定義は、共通に使えるようにする（部品化）という技法を実現
する方法の1つでもあるのです。こうすることで、同じ処理をあちこちで行う
ような場合に、間違いが起きるリスク減らすことができます。

> **メモ** 「ブロック定義」ということばは「ブロックをつくる一連の操作」を表し、「定義ブロック」
> ということばは「ブロック定義で新しくつくられたヘッダとコードの塊」を指します。
> 用語が紛らわしいですが、ご注意ください。

定義ブロック（作図関数）のヘッダをつくる

　それではプログラムをつくり直していきます。最初に定義ブロックのヘッダをつくりましょう。

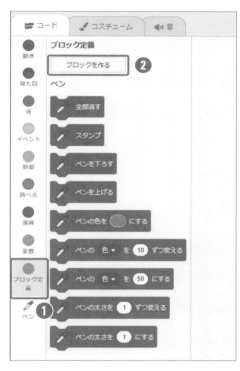

❶ ブロックパレットを「ブロック定義」までずらします。

❷ ［ブロックを作る］を左クリックします。

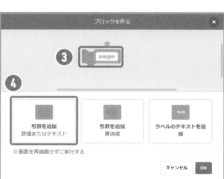

❸ 「ブロックを作る」画面になります。ここで、ブロック名と引数を決めます。［ブロック名］に、ここでは［polygon］と入力しています。

> **メモ**　名前の付け方に制約は特になく、数字でも日本語でもいいですが、多角形（polygon）をつくるという目的が、わかるようなものにしましょう。

❹ ［引数を追加］を左クリックします。今回は2個使うので、2回左クリックしましょう。

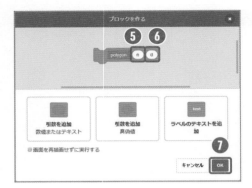

⑤ 1番目の引数は角数なので、[n] と入力します。numberの略です。

⑥ 2番目の引数は一辺の長さなので、[d] と入力します。distanceの略です。

> **メモ** 引数の名前も、用途がわかるようなものが望ましいでしょう。ただし、コードの中で使われるので、なるべく短い名前にしておきましょう。

⑦ ブロック名と引数を入力し終わったら、[OK] を左クリックします。これで「ブロックを作る」画面が閉じます。

定義ブロック（作図関数）のコードをつくる

続いて、定義ブロックのコードをつくっていきます。

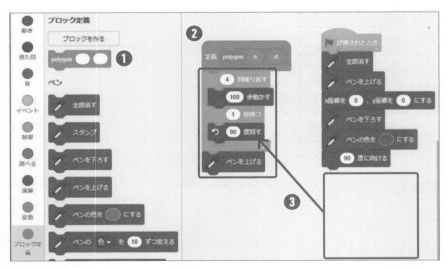

❶ ブロックパレットの「ブロック定義」に、定義ブロックの呼び出しブロックが表示されます。

❷ コードエリアにも、ヘッダができています。

❸ ブロック定義のコードをこれまでと同じようにつくりましょう。今回は、すでにつくっているコードの繰り返し部分がそのまま使えます。「[4] 回繰り返す」ブロックから下を、ヘッダの下にドラッグしましょう。

1 時間目

2 時間目

3 時間目

4 時間目

5 時間目

6 時間目

> **メモ** 描き始めはステージ中央ですから、これもブロック定義に入れてもいいのですが、開始位置は別途自由に決められるように、ブロック定義には入れません。また、ペンの上げ下ろしも作図関数とは別にしておきます。

　どこまでをブロック定義とするかは、「ブロック定義を行う目的」と「どの程度自由度を持たせる（適用範囲を広げる）か」によって、さまざまなパターンが考えられます。引数を増やせば自由度が高まるのですが、1つの定義ブロックに多くの目的を持たせると、かえって全体の見通しが悪くなります。引数は目的に直接関係のあるものだけに留めましょう。

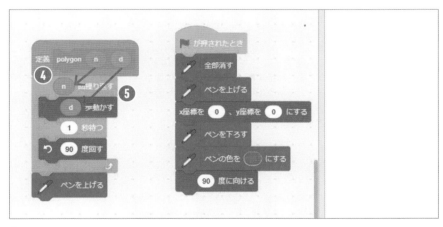

❹ ブロック定義のコードを、引数を使うように修正します。まず1番目の引数である角数「n」を、コード中の繰り返しブロックの、繰り返し回数の部分にドラッグします。すると、「n」がはまります。

> **メモ** 引数を使うときは、必ずヘッダの引数をドラッグします。ドラッグしないで、直接引数の名前を記入しても、引数を使うことになりません。

❺ 2番目の引数である一辺の長さ「d」を、コード中の「[100] 歩動かす」ブロックの、[100]の部分にドラッグします。同じように「d」がはまります。

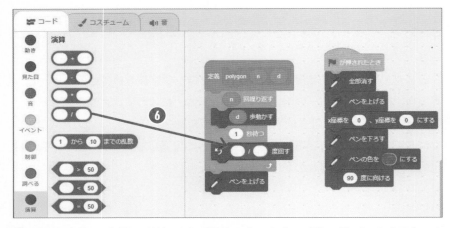

❻ 変更する角度は、角数から計算します。「演算」ブロック群の、「[] / []」という式のブロックが割り算のブロックです。これを、コード中の「[90] 度回す」ブロックの、数字の部分にドラッグします。ドラッグ先の穴が、割り算ブロックより小さいですが、心配いりません。ドラッグ先は太い白線で囲まれて示され、マウスの左ボタンを離すと、ぴたりとはまります。

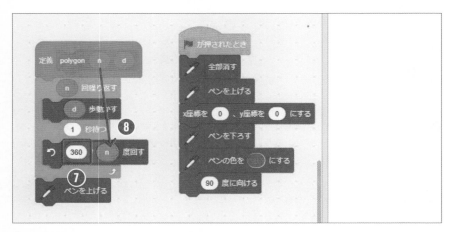

❼ 変更角度は、「360÷n」でしたね。1つ目の穴には、直接 [360] と入力します。

❽ 2つ目の穴には、1番目の引数「n」を、ドラッグしてはめましょう。

　これで、定義ブロックのコードが、引数を使った形になりました。

▶ 定義ブロック（作図関数）を呼び出す

作図関数の定義ブロックができたので、あとはこれをうまく呼び出すことができれば完成です。ここでは、試しに正八角形を作成してみましょう。

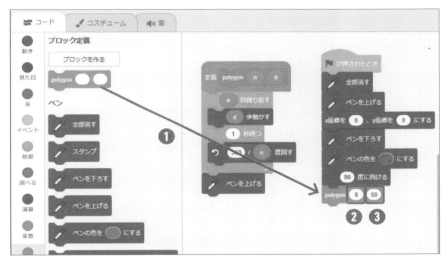

❶ 「ブロック定義」の作図関数の呼び出しブロックを、元のコードの一番下にドラッグします。これで作図関数の定義ブロックの呼び出しを行います。

❷ 呼び出しブロックの引数部分は穴が空いたままなので、ここに実際の値を入れます。1番目の引数（n）は角数でしたね。そこで正八角形を描くには、［8］を入力します。

❸ 2番目の引数（d）の値は一辺の長さです。図形がステージからはみ出してしまわないように、［50］を入力しましょう。

これで作図関数の呼び出しブロックが完成しました。最後に、「ペンを上げる」操作は作図関数本体には入れたくないので、作図関数の呼び出しブロックの下にドラッグしておきます。これで［実行］ボタンをクリックしてみましょう。次ページの画面図のようになれば成功です。

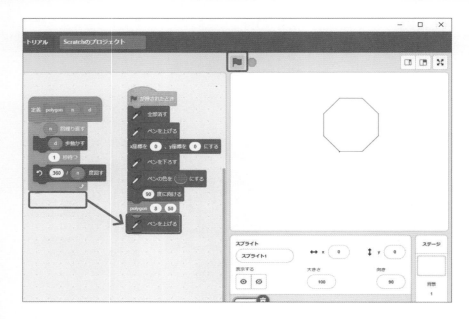

これで、どんな正多角形でも、作図関数の定義ブロックはそのままで、呼び出しブロックだけ変更すれば、簡単に描けるようになりました。引数にいろいろな数字を入れて、結果を自分の目で確かめてみてください。これならもっと角数を多くして、円を描くこともできそうですね。

> **メ モ**　ただし、まだまだ改善できる箇所もありそうです。例えば、一筆描きのペンの動きがわかるように、動くたびに1秒ずつ待っているので、角数が増えるととてもゆっくり描かれます。そこで、この点を改善したサンプルプログラム「4-4_polygon2.sb3」を提供しています。ここまでついてこれた人は、発展編としてコードを見てどのように改善しているかを推理してみてください。

➕ 図形の作図で学んだこと

この章でどのようなプログラミング的思考を行ってきたのか、少し振り返ってみましょう。

▶ プログラミングの手順に沿ってどう考えたか？

進め方として、①描きたい図形をまずしっかり把握し（目標）、②表現の方

法と、そのために必要なものを整理し（デザイン）、③描き方を考え（アルゴリズム）、④実際にScratchで図形を描きました（組み立て）。おかげで、さらに良いアルゴリズムに改善しながら、最終的には任意の正多角形まで描ける理想的なプログラムができましたね。

▶ **プログラミングの技法をどのように使ったか？**

この章で使った技法を簡単にまとめると、以下のようになります。「表現の工夫」に関する技法については特に触れなかったのですが、次章ではいくつか出てきます。

・「問題の整理」に関する技法

問題の本質を捉える

「目標」と「デザイン」のステップで、正三角形とは何かを考えましたね。

問題を広げる（一般化）

正三角形から正多角形への拡張を行いました。

・「作製の技術」に関する技法

基本要素の組み合わせで考える

直列、繰り返し、関数呼び出しの考え方を学びました。次の章で学ぶ「並列」と「分岐」をあわせて、計5つの要素を本書では基本要素としています。

大きな処理単位で捉える（構造化）

作図関数を1つの処理単位として構造化しました。

共通に使えるようにする（部品化）

作図関数で変動する部分は引数にしました。これで間違いのリスクが減り、記述量も減らせます。

・「確認の方法」に関する技法

現象から原因を探る・原因から本質的な解決策を探る

これは随所で行ってきたことです。正三角形を描くいくつかのアルゴリズムを比較しながら原因を探り、本質的な解決策を考えました。

5

楽しんで学ぶ
プログラミング的思考

いよいよScratchでゲームをつくったりして楽しみ
ながら、プログラミング的思考を学んでいきます。で
もいきなり、「おもちゃ屋で売られているようなすご
いゲームをつくりたい！」というのは少し無理がある
かもしれません。目標が高いのはよいのですが、その
ために途中で挫折してしまうのはもったいないことで
す。そこでこの章では、「花の絵を描く」「音楽を演奏
する」そして「野球ゲームをつくる」というなるべく
シンプルな目標を通して、少しずつ理解を深めていき
ましょう。

ゲームをつくったりするのに必要なことって？

　この章で作成するプログラムにはそれぞれ、プログラミングの技法についての重要なテーマがあります。

- ・「花の絵を描く」（p.98〜）……メッセージ
- ・「音楽を演奏する」（p.117〜）……並列と同期
- ・「野球ゲームをつくる」（p.137〜）……分岐

　また、前の章ではスプライトが1つ（ペン先）だったのに対し、この章では複数のスプライトが出てきます。そのため複雑になった表現方法や処理の流れをわかりやすくするために、「表現の工夫」に関する技法も活躍することでしょう。

　プログラミングの手順としては、以下のように組み立てまで進んでいくことになります。

- ① やりたいことを明確にします。（目標）
- ② 何が必要で、どのように表現するかを、画面イメージなどで整理します。（デザイン）
- ③ どのように実現するかを、流れ図などで整理します。（アルゴリズム）
- ④ プログラムを組み立てます。（組み立て）

> **メモ**　やりたいことをわかりやすくするために、本書では先に完成イメージを示しますが、最初は漠然としたイメージで始まり、デザイン以降で明確になっていくのが一般的です。

　さて、さっそく実習に入りたいところではありますが、ここでは本章に共通して必要になってくる基本の道具について、先に説明しておきたいと思います。

１つ目は、「データを記憶する方法」です。例えば、「スコアが○点を越えたら、すごいボスが登場する」といったことは、ゲームではよくあることですね。このとき、スコアが今何点かをどこかに記憶しておき、場合によっては他の登場人物（スプライト）に知らせるような仕組みが求められます。このようなデータを記憶する方法は、本章のさまざまな場面で必要になってきます。

　もう１つは、「外部からの指示を受け取る方法」です。例えば、「クリックしたらジャンプする」といったように、遊んでいる人（外部）の操作にあわせて動くというのが、ゲームの面白いところですよね。このような機能を実現する道具についても、簡単に説明しておきます。

✚ データを記憶する方法

　データを記憶する最も基本的な方法は、変数（へんすう）です。これは、データを入れて保存しておく「箱」のようなものだとイメージしていただくのがよいかもしれません。

　この箱（変数）に中身の値を入れることを代入といいます。また、入っている中身を確認することを参照といいます。箱の中身を一度見れば中身が空になってしまう、ということはありませんよね。同じように変数も、何回でも参照することが可能です。

　つくった変数には名前をつけます。これを変数名といいます。参照するときには、参照したい変数名（箱の名前）を指定します。また代入するときには、本書では「変数名＝値」という書き方をします。

▶|広域的な変数／局所的な変数|

　プログラム全体でどのスプライトからも使える変数を広域的、スプライト内に閉じて使う変数を局所的といいます。次のページに示したScratchの「新しい変数」画面で、「すべてのスプライト用」を選択すると広域的な変数、「このスプライトのみ」を選択すると局所的な変数になります。広域的な変数はプログラム全体で固有の変数名をつけますが、局所的な変数は、スプライトが異なれば同じ変数名でも構いません。

1 時間目

2 時間目

3 時間目

4 時間目

5 時間目

6 時間目

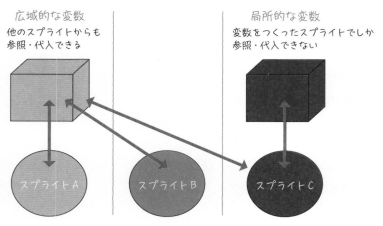

(図5-1) 広域的な変数と局所的な変数

> **メモ**　「広域的／局所的」ということばは本来、「ブロック間で共通に使えるか／ブロック内だけで使うか」という意味を持っています。「スプライト共通／スプライト固有か」という意味だと、「パブリック（公的）／プライベート（私的）」ということばの方がふさわしいかもしれませんが、本書ではわかりやすいので「広域的／局所的」ということばを使います。

▶ Scratchの変数

　ブロックパレットの「変数」のところに［変数を作る］というボタンがあります。これを左クリックすると、「新しい変数」画面になり、変数をつくることができます。

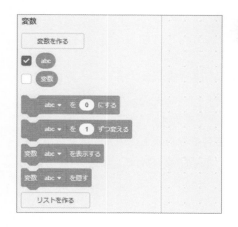

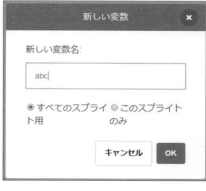

「新しい変数」画面で変数名を入力して［OK］を押せば、元のコード画面に戻り、ブロックパレットに、つくった変数名が表示されます。この変数名をコードエリアにドラッグすれば参照できます。

　局所的な変数（「このスプライトのみ」）は、変数を作成したスプライトのブロックパレットにだけ表示され、他のスプライトでは表示されません。また、ステージ上では「スプライト名：変数名」という形で表示されます。

> **メモ**　多くのコンピュータ言語では、変数名は「英字で始まる英数字列」としていますが、Scratchではどんな文字列でも大丈夫です。数字だけでも変数名として使えます。

　変数の代入は「［〜▼］を［0］にする」というブロックで行います。［▼］を左クリックすると、変数名の一覧が表示されるので、左クリックで選択します。変数名を直接手で入力することはできません。変数の値は、［0］の部分に直接手で入力するか、他の変数などをドラッグします。

外部からの指示を受け取る方法

　プログラムの外からの操作で、何らかの指示を行うとき、これをコードで受け取る方法をまとめておきます。

イベント

　イベントとは、「何かが起きたことを示す」ものです。Scratchには、外部からの操作を通知するために、次のような「イベント」のブロックがあります。

スプライトの場合

ステージの場合

・「🏳 が押されたとき」

　ステージ上部の［実行］ボタンをクリックするとイベントが発生します。Scratchプログラムの開始に使います。すなわち、「🏳 が押されたとき」ブロックが先頭にあるコードが一斉に動き出すわけです。クリックはマウスの左ボタンだけが有効です。

・「[〜▼] キーが押されたとき」

　キーボードのキーを押すとイベントが発生します。キーの種類（スペース・矢印・アルファベット・数字）に対応して、それぞれ異なるイベントが発生するようになっています。また、特殊文字や記号も含めて、どのキーを押しても共通のイベントを発生させることもできます。例えば、「[a] キーが押されたとき」ブロックが先頭にあるコードは、キーボードの「a」または「A」を押すと動き出します。

・「このスプライトが押されたとき」／「ステージが押されたとき」

　ステージ上でマウスをクリックするとイベントが発生します。クリックはマウスの左ボタンも右ボタンも有効です。スプライトの輪郭内ならどこをクリックしても、「このスプライトが押されたとき」ブロックが先頭にあるコードが動き出します。

　ステージの場合は、スプライトの輪郭外のどこをクリックしても、「ステージが押されたとき」ブロックが先頭にあるコードが動き出します。

1 時間目

2 時間目

3 時間目

4 時間目

5 時間目

6 時間目

▶ 内部的なイベント

　イベントは外部からの通知だけでなく、プログラム実行中に内部的に発生するものもあります。内部的なイベントとして、「背景・音・時間」などの変化や、「メッセージ」があります。メッセージについては、1つ目の課題「花の絵を描く」で取り上げます。

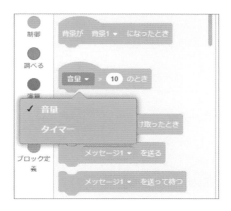

▶ マウスの位置

　マウスはクリックすればイベントが発生しますが、クリックしなくても、ステージ上のマウスの位置が検知されます。Scratchの「動き」や「調べる」のブロック群では、場所を示すパラメータとして「マウスのポインター」を選ぶことができます。また「マウスのx座標」「マウスのy座標」も検知できます。

スプライトの「動き」

スプライト／ステージの「調べる」

　マウスをクリックしなくても、動かすだけでマウスの位置を検知できます。そのため、マウスの動きを追いかけたり、悪者から逃げ回ったりするようなスプライトの動きをつくることも可能です。

簡単な絵を描いてみたい！ （メッセージの考え方）

前章では、線画の作図を行いました。Scratchではコスチューム画面で手描きの絵を描くことができますので、これと組み合わせて、プログラムで花の絵を描いてみましょう。今回は茎と花だけですが、ここで学んだことを生かせば、花の形や色を変えたり、葉をつけたりすることもできるようになるでしょう。

🌸 花の絵の目標

まずは、サンプルファイルの「5-1_flower.sb3」を読み込んで、目標のプログラムを実行してみましょう。

ここでの目標は、ただ「花が描ければよい」ということではありません。線画とコードをうまく組み合わせて、プログラムで描きたいのです。

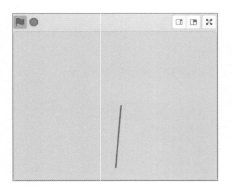

① ［実行］ボタンを押します。
② ステージ中央下部から茎が伸びていきます。
③ 茎の先端に花びらが順に並んで、花の絵になります。

🔷 花の絵のデザイン

ここでのデザインのポイントは次の2つです。

・どのように花が成長する動きを表現するか？
・花びらが複数ある花をどのように表現するか？

▶ 花の成長の動きの表現方法

コスチューム画面ですべて描くのではなく、茎を下から上に伸ばして、先端に花を描くことで、花の成長の動きを表現しましょう。

茎を下から描き始め、茎の先端の位置に花を描きます。つまり、茎の先端の座標位置に、茎の描き終わりのタイミングで花を描き始めるということです。茎も花も同時に描いてしまっては、土から伸びてきた感じがしないためです。

▶ 花びらが複数ある花の表現方法

花びらの部分を、一枚一枚すべてペン機能で描いていくのは、とても骨が折れます。そこで、花びらを全部コスチューム画面で描くのではなく、花びら1枚だけを描き、それを茎の先端を中心に角度を変えてぐるりと配置するという方法を考えてみます。花びらの形や色も変えられますが、ここでは同じものを並べます。

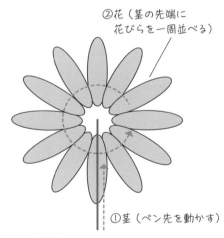

②花（茎の先端に花びらを一周並べる）

①茎（ペン先を動かす）

図5-2 花の絵のデザインイメージ

図5-2に、花の絵を描くイメージを示します。茎の長さは、ステージの大きさを考慮して、自由に決めて構いません。茎の傾き具合や、花びらの枚数、形や色なども自由に変えて構いませんが、これらは組み立てのときに決めればよいことなので、デザインの段階では全体のイメージをしっかり捉えましょう。

✚ 花の絵のアルゴリズム

　続いて、花の絵のデザインの実現方法を考えます。

　まず前章までと大きく異なるのは、「茎」と「花びら」の2つのスプライト
が必要な点です。スプライトを1つにまとめてしまうことも可能ではありますが、ここでは2つに分けることにします。これは2章でも紹介した、「問題を
分けて考える」という「問題の整理」に関する技法の1つで、その方がずっと
実現の方法を考えやすいのです。

　図5-3に、これから考えていくアルゴリズムのイメージを、スプライト単位
で示します。図中の番号は、図5-2の番号に対応しています。このように図に
することで、アルゴリズムのイメージを捉えるのも、「表現の工夫」に関する
技法といえます。文章だけより、はるかに全体像がつかみやすくなるはずです。
スプライトの関係や動くタイミングもわかりますね。

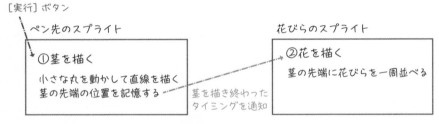

(図5-3) 花の絵のアルゴリズムのイメージ

　今回は極力シンプルなつくりなので、当たり前のことをわざわざ図にしてい
ると感じるかもしれません。でももっと複雑で、スプライトがいくつもあるよ
うなものをつくるときに、何も工夫をしなければきっと混乱してしまいます。

　**重要なのは、整理を行うことで、「茎のスプライトで花のことを考えたりし
ない」という、いわば役割分担を明確にしておくことです。**このようにして大
きな流れを捉えることは、「大きな処理単位で捉える」という「作製の技術」
の1つで、全体像を把握しやすくなります。

　それでは、デザインで挙げた2つのポイントに注意しながら、図5-3のアル
ゴリズムを詳しく考えていきましょう。

1 時間目

2 時間目

3 時間目

4 時間目

5 時間目

6 時間目

▶ 花の成長の動きの実現方法

図5-3のような流れを実現する場合、花を「いつ」「どこから」描き始める
かが重要になってきます。ペン先（茎）と花のスプライトは別々なので、茎が
描き終わった（花を描き始める）位置とタイミングを、花側に知らせるような
仕組みが必要になってくるのです。

ただし、ペン先のスプライトの描き終わりの位置は、前もって知ることはで
きません。［実行］ボタンを押して何秒後に描き終わるかということも、描い
てみないとわかりません。これらの情報を、花びらのスプライトに伝えるには
どうすればよいのでしょうか？

・変数で描き終わりの位置を知らせる

まず位置の知らせ方です。茎を描き終わったら、その位置の座標をどこかに
記憶しておいて、花びらの側で取り出せばよさそうです。このために、広域的
な変数が使えます。

そこでペン先の描き終わりの座標を、広域的な変数X,Yに記憶することにし
ます。Xは横位置、Yは縦位置です。花びらの側では、変数X,Yを参照して、
その位置に移動すればよいわけです。

・メッセージで描き終わりのタイミングを知らせる

次にタイミングの知らせ方です。花を描くタイミングは、ペン先が描き終わっ
たときですが、この際にペン先のスプライトから花びらのスプライトに、何ら
かの信号を出す必要があります。

このためには、メッセージという機能を使用することができます。メッセー
ジも関数と同じく、何かを呼び出すために使います。ただし関数は、同じスプ
ライト内のものしか呼び出すことができませんでした。それに対して**メッセー
ジは、同じスプライトでも異なるスプライトでも呼び出しが可能なのです。**

また、関数呼び出しが相手の処理が終わるのを待っているのに対し、**メッセー
ジは、呼び出した相手を待つことはしないで自分は動き続けます。**

Scratchには、「メッセージ」を実現するために、次のような「イベント」
のブロックがあります。

メッセージは、［メッセージ1］の部分の文字列がそのまま信号として使われます。どんな文字列でも構いませんが、同じ文字列は同じ信号と見なされます。スプライト同士のデータの共有は広域的な変数を使えばできますが、タイミングを合わせるためにはメッセージが必要になるのです。

例えば、2つのスプライトAとBで預金口座を共有していて、Aがどんどんお金を使って残高0になったら、Bが口座にお金を入れる、とします。口座を変数だけで管理すると、Bが参照しない限り、0になったことはわかりませんが、メッセージを使えば、0になった瞬間にAからBに通知することができるので、Bは遅滞なく口座にお金を入れることができる、というわけです。

> **メモ**　メッセージの使い方には注意が必要です。送り手が「［～▼］を送る」というブロックを実行するとメッセージが送られて、瞬時に受け手の「［～▼］を受け取ったとき」というブロックに続くコードが実行されます。したがって、もし受け手が何か実行中のときは、「［～▼］を受け取ったとき」以下のコードも同時に動き出すので、現在実行中の処理と矛盾しないように注意しましょう。

▶ 花びら1枚から花を描く方法（クローン機能）

デザインで考えた大きな流れでは、花びらの並べ方についてはまだ未検討でした。ここで詳しく考えてみましょう。

花びらの角度を少しずつ変えたコスチュームを何枚も用意し、それを順番に表示するのはどうでしょう？　でもこれは、1枚ごとに消えてしまうのでだめです。この場合、一斉に表示するには、スプライト自体を別にする必要があります。

でも、同じようなスプライトをいくつもつくるのは、無駄な気もしますね。「1枚の花びらを、コスチュームは1つで、スプライトも1つだけで済ますには何ができればよいかな？」と考えていくと、「1つのスプライトをコピーできればよいのでは？」、「コピーするときに、少し角度を変えて表示できればよいのでは？」という考えに行き着きます。このようなニーズにぴったりの方法として、クローンという機能があります。

・Scratchのクローン機能

　クローンとは「まったく同じものを複製する」ことで、コピーより強力です。

　コピーの場合は、見た目や注目している内容が同じになるように複製することが目的です。そのため、コピー元とコピー先がまったく同じである必要はなく、コスチュームだけのコピーや、コードだけのコピーができます。一方、クローン機能は、スプライト丸ごと、同じものを複製しますので、見た目だけでなく、すべてが完全に同じになります。

　例えば、私たちは「文書をコピーする」と言いますが、内容さえ鮮明なら、インクや紙質にはこだわりません。コピーは、いくら似せても元の本物とは別物です。しかし、これがクローンということになると、インクや紙質はおろか、その文書まるごと複製することになり、本物と偽物は区別できなくなります。

　クローンで新しくできたスプライトは、クローンされたときにクローンだけの処理を記述することもできます。これで、「同じものだけど少し変える」ことも可能です。したがって、同じ絵（花びら）を少しずつずらして並べたい場合は、「元のスプライトを移動しながらクローンをつくる」か、「元のスプライトは動かさないが、クローンをつくるたびに独自の処理で表示位置を変える」ことで描くことができます。

▶ 花びら1枚から花を描く方法（花を描く関数）

　そこで、1枚の花びらを次のような手順で並べて花を描きます。

・花びらの回転角度を「360度÷花びらの枚数」とする
・「花びらを回転しながらクローンをつくる」ことを、枚数分だけ繰り返す

　これで、花びらがぐるりと一周並んで、花になります。花を描く部分は、花びらの枚数を自由に変えられるように、花びらの枚数を引数とする関数にしましょう。このように、花びらの枚数を固定せず、関数の引数で変えられるようにするのは、「問題を広げる（一般化）」とともに、「共通に使えるようにす

る（部品化）」を行うことでしたね。

花を描く関数

flower(n)

- ・関数名　flower
- ・引数　n:花びらの枚数
- ・処理内容

    > ・花びらの回転角度を計算して、局所的な変数aに記憶する。
    >
    > 　a＝360÷n
    >
    > ・n回、以下を繰り返す。
    >
    > 　[・花びらをクローンする。
    >
    > 　・方向をa度回す、これで次のクローンは新しい角度でできる。]

※呼び出し例

flower(6)　花びらを60度ずつ回転しながら6回クローンします。

flower(12)　花びらを30度ずつ回転しながら12回クローンします。

▶ 花の真ん中に余白をつくる

　「花を描く関数」を使えば、元の花びらの方向を変えながらクローンするので、このままでもぐるりと一周、花びらを並べることができます。ただこれだと、デザインでイメージしたときのように、花の真ん中に丸い空白ができません。

　そこで最後にもう一工夫をしましょう。クローン側でも、新しい花びらに対する処理として、中心から離れる方向に少し動かします。それぞれ同じ長さだけ動かせば、丸い空白をあけることができそうです。

▶ アルゴリズムのまとめ

　図5-4に、花の絵のアルゴリズムの流れ図を示します。流れ図は「表現の工夫」の1つの技法です。このように処理の流れを図にしておけば、各スプライトの関係がわかりやすくなりますね。

1
時間目

2
時間目

3
時間目

4
時間目

5
時間目

6
時間目

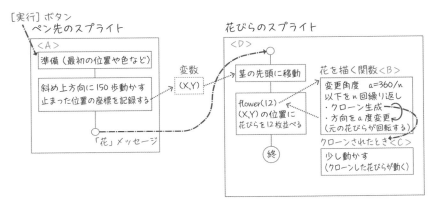

図5-4　花の絵のアルゴリズムの流れ図

花の絵の組み立て

　それではアルゴリズムに従って、組み立てを行いましょう。背景とスプライ
トの準備が済んでいる、サンプルファイルの「5-1_flower_練習用.sb3」を読
み込んでいただいた前提で、説明を進めていきます。先に「コスチューム」画
面で、ペン先が小さな丸、花びらが細長い円になっていることを確認しておき
ましょう。

＜Ａ＞ペン先（茎）の動きの組み立て

　先に、ペン先（茎）のスプライトから組み立てをはじめましょう。これは図
5-4の＜Ａ＞で示した部分にあたります。

（1）描き終わりの座標を記憶する変数をつくる

　まず、ペン先の座標を記憶するために、広域的な変数を2個つくります。

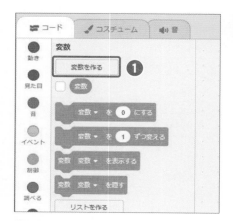 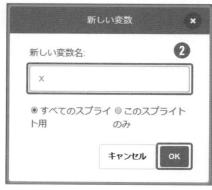

❶「変数」ブロック群の［変数を作る］を左クリックして、「新しい変数」画面を開きます。

❷「新しい変数:」に「X」と入力します。広域的な変数なので「すべてのスプライト用」のチェックはそのままで大丈夫です。「OK」を左クリックします。

　もう一回、同じように［変数を作る］をクリックして、変数Yをつくります。

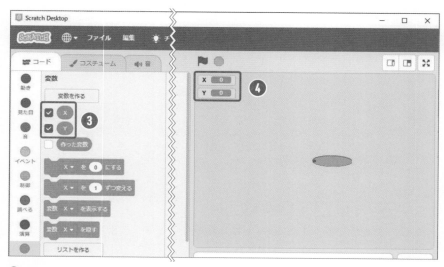

❸ ブロックパレットに変数「X」と「Y」ができました。

❹ ステージ上部にも変数名とその値が表示されます。値は初期値の0になっています。

（2）茎を描いて描き終わりの位置を変数に記憶する

　続いて、ペン先を動かして直線を描くコードをつくります。ペン先の位置決めなどの初期設定を先に行ってから、ペンを下ろして動かします。最後に描き終わりの位置を変数に記憶します。

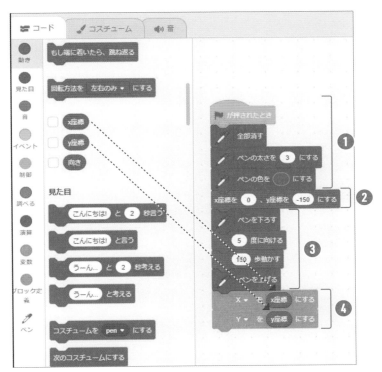

❶ 「▶ が押されたとき」の下に、線の太さと色を指定するブロックをつなぎます。

❷ 描き始めの位置を、ステージ中央下部、座標 (0, − 150) の位置にします。ここまでは、ペンが上がっている状態なので、何も描かれません。

❸ ペンを下ろし、少し右に傾けて上方に150歩動かします。これで茎が描けます。描き終わったらペンを上げておきましょう。

❹ 描き終わりの位置の座標を、先につくった変数に記憶します。「変数」ブロック群から「[〜▼]を [0] にする」ブロックをドラッグしてコードにつなぎます。[〜▼] の部分は変数名で、[▼]を左クリックすると、変数名の一覧が現れます。ここから、[X] と [Y] をそれぞれ選びます。また、[0] の部分は、変数に代入する値です。ここでは、「動き」ブロック群にある「x座標」と「y座標」をドラッグしてはめ込みます。

（3）描き終わりのメッセージを出す

　茎を描き終わったら、花を描くためのメッセージを出すコードを追加し、ペン先のコードは組み立て完了です。

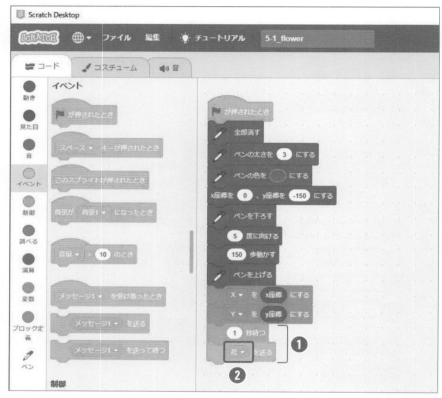

❶ 「イベント」ブロック群から「[メッセージ1▼] を送る」ブロックをドラッグしてコードにつなぎます。ここでは、1秒待ってからメッセージを出しています。

❷ メッセージは「花」という名前にしましょう。「[メッセージ1▼] を送る」の [▼] を左クリックすると、メッセージ名の一覧が現れます。、[新しいメッセージ] を左クリックして、「新しいメッセージ画面」で「花」と入力して [OK] をクリックすれば、「花」メッセージができます。

1時間目
2時間目
3時間目
4時間目
5時間目
6時間目

▶ <B>「花を描く関数」の組み立て

次は花のスプライトに切り替えて、コードを作成していきます。

（1）花を描く関数のブロック定義

図5-4で、花を描く関数をつくることにしたので、まずはこのブロック定義を行います。

❶ スプライトリスト上で、「Petal」（花びら）のスプライトを選択します。

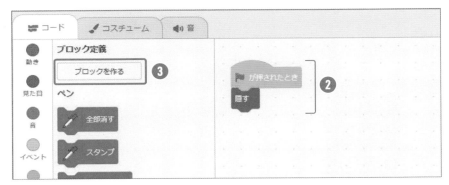

❷ 最初に「■が押されたとき」ブロックを置き、続けて「見た目」ブロック群の「隠す」ブロックをつなげておきます。これで［実行］ボタンをクリックした段階では、ステージ上に花びらがない状態になります。

❸ ブロックパレットの［ブロックを作る］ボタンを左クリックします。

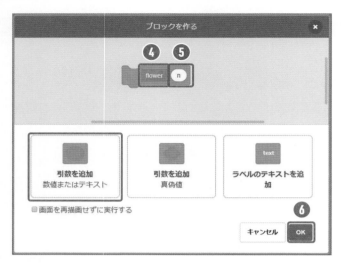

❹「ブロックを作る」画面に、呼び出しブロックが表示されるので、ブロック名に「flower」と入力します。

❺ 引数は「n」（花びらの枚数）1つでしたね。[引数を追加] を左クリックすると引数の穴が1つ追加されるので、[n] を入力します。

❻ [OK] を左クリックします。

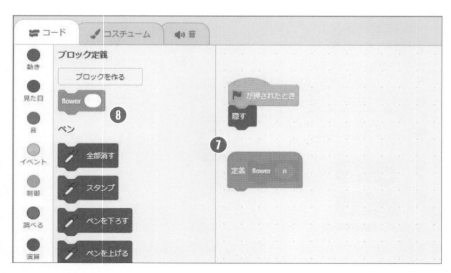

❼ コードエリアに、「flower」ブロックのヘッダができました。

❽ ブロックパレットに、呼び出しブロックができています。引数の穴が1つあります。

(2)「flower」ブロックの中で使われる局所的な変数をつくる

　「flower」ブロックの本体コードの中で回転角度を計算して保存しておくために、局所的な変数をつくります。局所的な変数は、**不要なものは隠す**（局所化）という「作製の技術」の技法です。広域的な変数が多いと、何のための変数か把握しにくく、他の変数と重ならないような名付けにも苦労します。**局所的な変数にすれば、スプライト内だけに固有の名前を付ければ良く、関係ないスプライトには見えないのですっきりしますね。**

> **メモ**　通常のコンピュータ言語では、関数内だけに局所的な変数をつくれますが、Scratchでは、これができません。局所的な変数はスプライト内なら、他の定義ブロックの中でも見えてしまいます。この点は、局所的といっても、複数の定義ブロックがあるときには、壊し合ったりしないように注意が必要です。

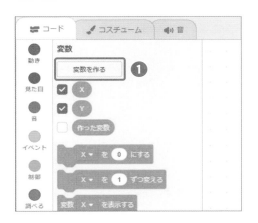

❶ ブロックパレットの「変数を作る」を左クリックします。

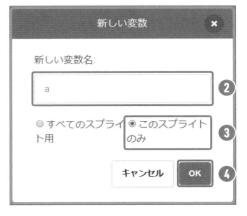

❷ 「新しい変数」画面で、変数名フィールドに「a」と入力します。角度（angle）のaです。

❸ 局所的な変数なので、「このスプライトのみ」に左クリックでチェックを入れます。

❹ [OK] を左クリックします。

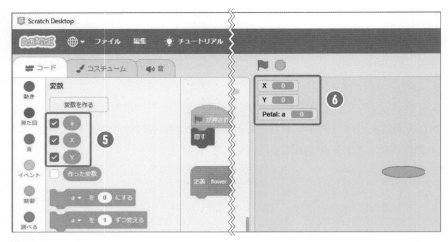

⑤ ブロックパレットに変数「a」ができました。この画面の表示では広域的な変数と区別がつきません。
が、他のスプライトのブロックパレットには現れないようになっています。

⑥ ステージにも変数「a」が表示されています。局所的な変数は、ステージ上ではどのスプライト
の変数なのかがわかるように、名前の頭に「スプライト名:」がつけられます。ここでは花び
らのスプライト名が「Petal」なので、変数名は「Petal:a」と表示されています。値の初期値
は0です。

(3)「flower」ブロックの本体をつくる

「flower」ブロックの本体のコードは、「回転しながらクローンを作る」とい
うものでした。回転してからクローンするか、クローンしてから回転するか、
はどちらでもいいのですが、ここでは後者にします。

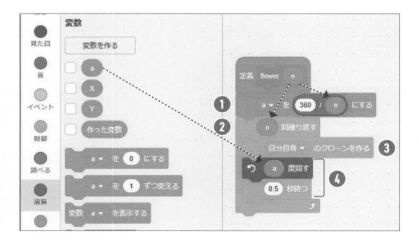

❶「変数」ブロック群の「[～▼] を [0] にする」ブロックをつなげます。[▼] を左クリックして、変数の一覧から、先につくった局所的な変数「a」を選びます。値の部分には、「演算」ブロック群の割り算の式「[] / []」をはめます。左の穴に [360] と入力し、右の穴にはブロックヘッダの「n」をドラッグしてはめ込みます。

❷「制御」ブロック群の「[10] 回繰り返す」ブロックをつなげます。回数の部分には、ブロックヘッダの「n」をドラッグしてはめ込みます。

❸「制御」ブロック群の「[自分自身▼] のクローンを作る」ブロックをドラッグし、繰り返しブロックの中に挿入します。

❹「動き」ブロック群の、反時計回りに「[15] 度回す」ブロックをドラッグし、繰り返しブロックの中に挿入します。回転角度には「変数」ブロック群から「a」をドラッグしてはめ込みます。また、クローンされる様子がわかるように、「0.5秒」待ちます。

これで「flower」ブロックの本体コードができました。

＜Ｃ＞クローンを少し動かすコードの組み立て

　花の真ん中に丸い空白をつくるため、クローン側で、中心から少し動かす処理を加えましょう。

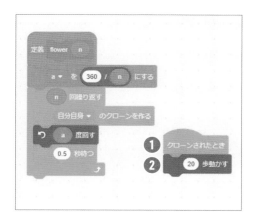

❶「制御」ブロック群の「クローンされたとき」ブロックをコードエリアの余白に置きます。

❷「動き」ブロック群の「[10] 歩動かす」ブロックをつなげます。歩数の部分に [20] を入力します。方向は変えていないので、「クローンが向いている方向に20歩動かす」ことになり、中心から離れる方向に動くわけです。

メモ　このようにすれば、色を変えたり、形を変えたり、音を出したり、元のスプライトと区別する処理を行うことも可能です。クローン自体を繰り返し制御で動かせば、花火のような華やかな絵も、たった1つのスプライトでつくることができます。

▶ <Ｄ>メッセージを受け取って花を描くコードの組み立て

　最後にメッセージを受け取って花を描くコードの、大きな流れをつくります。今回は、先に「flower」関数をつくってしまいましたが、大きな流れを先につくるのが一般的だという点に注意してください。その方が、「大きな単位で捉える（構造化）」の技法に適っています。**ブロック定義がたくさんあるような場合は、それぞれのブロック定義の本体は後回しにして、先に大きな流れをつくっておく方が、全体の見通しが良くなる**のです。

　ここでは、「flower」ブロック定義1つだけだったので、説明の都合上、順序を逆にしたことをご了承ください。

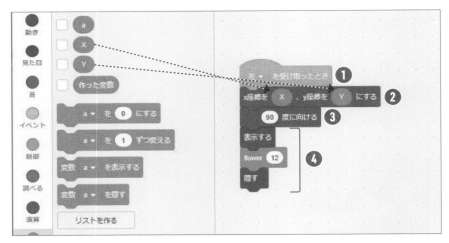

❶ 「イベント」ブロック群の「[〜▼] を受け取ったとき」ブロックをコードエリアの余白にドラッグします。[▼] を左クリックして、[花] を選択します。

❷ 「動き」のブロックパレットから「x座標を [〜]、y座標を [〜] にする」ブロックをドラッグし、「[花▼] を受け取ったとき」につなぎます。「〜」の部分は、ペン先のスプライト側で記憶した茎の先端の座標を取り出すので、変数「X」と「Y」です。これは直接変数名を入力するのではなく、「変数」のブロックパレットからドラッグしてはめ込みます。

❸ 最初は花びらを右向きにしておきます。

❹ 先に定義した、花を描く関数の「flower」ブロックを呼び出します。ここでは引数を [12] にしたので、花びらが12枚描かれます「flower」ブロック呼び出しの前後には、「見た目」ブロック群の「表示する」と「隠す」ブロックをつなげておきます。

これで一通り、アルゴリズムの組み立てができました。［実行］ボタンを押してみましょう。期待どおり、花の絵ができたでしょうか？

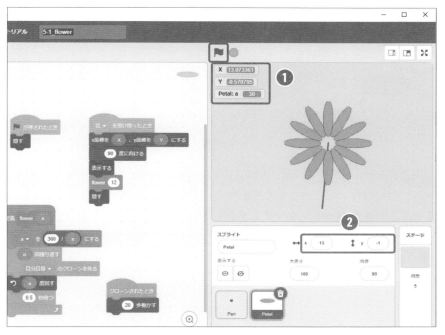

❶ 変数の値を見ると、「X」と「Y」は小数点以下6桁の数字になっていますね。

❷ スプライトリストの情報の(x,y)は四捨五入された整数になっています。

▶ ステージから変数を消す

　これで完成ですが、ステージに表示されたままの変数を消してしまいましょう。変数を表示しておく必要があるのは、ゲームのスコアや残り時間など、使っている人に明示的に伝えたい情報がある場合です。それ以外は、組み立て途中の状況確認としては必要ですが、完成後は不要なので消しましょう。消しても、なくなってしまうわけではなく、見たいときはいつでも再表示することができます。

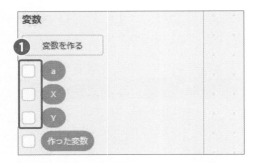

❶ ブロックパレットの変数名の頭のチェックをクリックして外します。チェックを外した変数は、ステージから消えます。再表示したいときは、もう一度クリックしてチェックを入れてください。

> **メモ** 広域的な変数は、どのスプライトにも共通ですが、局所的な変数はスプライトごとに消す必要があります。

　以上で、花の絵の例題は終わりです。ここで出てきた、変数、関数、メッセージ、クローンなどの考え方を応用すれば、下のような、もう少し凝った花の絵を描くことも可能です。サンプルファイルの「5-1_flower2.sb3」を読み込めば確認できるので、どのようにコードを組み立てているのか、参考にしていただければと思います。

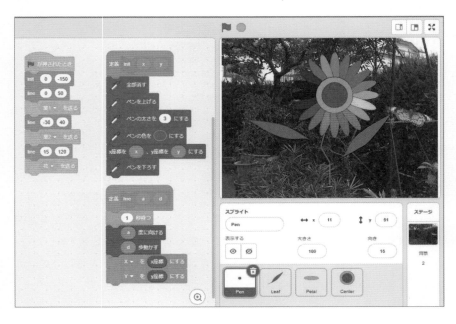

音楽を演奏してみたい！（並列の考え方）

Scratchの音楽の拡張機能を使って、複数の楽器で合奏を行います。各楽器はそれぞれ独立して演奏するので、これをぴったり合わせるのが目標です。メロディはごく簡単なものにしますが、コツがわかれば、もっと楽しい音楽を演奏することができるでしょう。

➕ 合奏の目標

3つの楽器で簡単な合奏を行います。先に、サンプルファイルの「5-2_ensemble.sb3」を読み込み、実際に合奏して目標を明確にしましょう。

何も工夫をしなければ、それぞれの楽器の音はどんどんずれてしまいます。ここでの目標は、ピッタリ合った演奏を実現するにはどうしたらいいのかを理解することです。そのためのカギは、サンプルファイルに表示されている、SFとSGという2つの変数にあります。

> **メモ** 工夫をしていないサンプルファイルも提供しています。「5-2_ensembleNG.sb3」を読み込んで、音がずれていくのを確かめてみるのもよいでしょう。

① ［実行］ボタンを押します。

② 合奏が始まります。左上に変数SFとSGが表示されていますね。値は
  ほとんど0です。

③ ところが、ときどきSGが1になりますね。このときは合奏がずれてい
  ます。でも、すぐ0になって、また何とか合奏が続きます。終わると
  SF、SGはともに1になります。

　なお、Scratchの音楽の機能は、通常の作曲ソフトのような楽譜をつくるの
ではなく、制御と組み合わせたコードをつくります。例えば、1つの音を10
回鳴らすには、楽譜では四分音符を10個並べないといけませんが、Scratch
では、1つの音を鳴らすことを10回繰り返します。

メモ 確かに、Scratchでも10個音符を並べることはできます。音もずれなくてピッタリ合った
合奏をつくりやすいですが、新しい学びにつながらないのでこの方法はとりません。何
より、一つひとつ音符を並べるのは骨が折れるでしょう。

合奏のデザイン

　デザインのポイントは次の2つです。

・楽器の音をプログラムでどのように表現するか？
・複数の楽器のタイミングが合った演奏をどのように表現するか？

▶ 楽器の音の表現方法

　楽器のタイミング合わせを考える前に、各楽器の演奏コードを考えましょう。
ここでは楽譜を直列に並べるのではなく、繰り返しや定義ブロックを使ってつ
くります。「ドレミファソ・ソファミレド・」という超簡単なメロディを何回
か繰り返すことにしましょう。余裕のある方はもっと複雑なメロディにしてい
ただいて構いませんが、ここではメロディ自体は本質的な話ではありません。
　楽器はサンプルプログラムのように、メロディをフルート、伴奏をギターで
演奏し、途中にベルを入れることにします。フルートとギターで同じメロディ
を演奏しますが、両者のコードのつくり方をわざと違う形にして、「ぴったり

合わせる」という感覚をつかめるようにしたいと思います。そのために、ギター
は単音ではなく、トレモロで演奏することにします。

> **メモ** トレモロは1つの音を、薬指、中指、人差し指で連続して弾くギター特有の奏法で、コロ
> コロという感じの美しい音色になります。

ベルは、「ドレミファソ・」の「・」のところで1回鳴らすことにしましょう。

▶ タイミングが合った演奏の表現方法

次に、楽器のタイミング合わせのデザインを考えます。まずは、「そもそも
なぜタイミング合わせが必要なのか？」を押さえる必要がありますね。

演奏のタイミングは、拍数（拍子の数）または時間で合わせるのが基本です。
しかしこのとき、繰り返しや呼び出しなどを利用していれば、その制御の流れ
を処理するために、余分な時間がかかります。これが積み重なることで、演奏
が少しずつずれていってしまうのです。演奏のところどころで、遅い方に合わ
せて待ち合わせを行う必要があります。

そこで、「ドレミファソ・ソファミレド・」を1回演奏するたびに、タイミ
ングを合わせることにしましょう。そうすれば、1回演奏する間に多少ずれが
生じたとしても、次に繰り返すときにはまた一斉に演奏できるので、どんどん
ずれが大きくなってしまうのを防ぐことができます。

複数のスプライト間でタイミングを知らせる方法として、花の絵を描いたと
きにはメッセージを取り上げました。しかしメッセージは、出された瞬間にこ
れを受け取った側が動き出すので、タイミング合わせに使うのは難しいことも
あります。動作環境などの影響で、万一遅いと思っていた方が早くなってしま
うと、受け取り側ではまだ終わっていないのに次の部分を重複演奏してしまう
のです。つまり、メッセージを出す側が受け取る側よりも後で処理を終える必
要があるのですが、今回はそれが確実にわかりません。

そこで、ここではメッセージ以外の方法が必要になります。具体的な方法に
ついては、アルゴリズムの段階で考えることにしましょう。

✚ 合奏のアルゴリズム

　続いて、合奏のデザインの実現方法を考えます。スプライトは3つですが、タイミング合わせで重要なのは、フルートとギターの2つです。

　図5-5に、これから考えていくアルゴリズムのイメージを、スプライト単位で示します。この図も、前章で見たものと同じように、スプライトの「関係を図にする」という「表現の工夫」に関する技法の1つです。

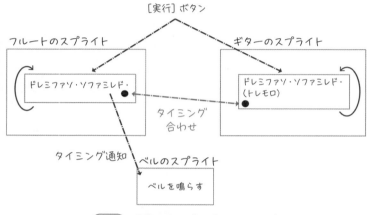

（図5-5）　合奏のアルゴリズムのイメージ

　では、デザインで挙げた2つのポイントに注意しながら、図5-5のアルゴリズムを詳しく考えていきましょう。

▌演奏を実現する方法

　各楽器の演奏コードは、音楽の拡張機能でつくります。フルートとギターは同じメロディで、フルートは単音、ギターはトレモロで演奏します。トレモロは、単音1つ分を3連符で演奏します。

・トレモロ関数

　そこで、トレモロは音の高さを引数とする関数にしましょう。関数の中で同じ音を3回繰り返して鳴らせばいいわけです。こうすることで、コードの長さは関数呼び出しの数でよいので、トレモロでない単音の場合と同じで済みますね。

トレモロ関数

tremolo(m)

- ・関数名　tremolo
- ・引数　m:音の高さ
- ・処理内容

> ・3回、以下を繰り返す。
>
> ［mの音を（一定の拍数）だけ鳴らす。］

※呼び出し例

tremolo(60)　高さ60の音（ド）を（一定の拍数）だけ3回鳴らします。
「ドドド」と鳴ります。なお、一定の拍数は組み立てのとき決めます。

・繰り返し回数の初期設定

　演奏の長さ、つまり「ドレミファソ・ソファミレド・」のメロディを繰り返す回数の指定方法についても考えておきましょう。この超簡単なメロディ1回では、あっという間に終わってしまって、タイミング合わせの成果がよくわからないかもしれないので、何回か繰り返して確認できるようにするためです。

　繰り返し回数は、フルートとギターで同じ回数にしたいので、2つのスプライトで共通に使える広域的な変数に設定しておくことにしましょう。これはどちらのスプライトで設定してもよいのですが、ここでは新しい方法として、ステージに繰り返し回数を設定するコードを置くことにします。

　ここまで、ステージにコードが必要になる、とは考えていなかったのですが、ここにきて、少し変更する方が良い、と気付きました。なぜその方が良いかというと、どちらかのスプライトで広域的な変数の初期設定を行うと、もう一方はその間待っていなければならないので、2つのスプライトの関係が対等でなくなります。すなわち、一方から他方をメッセージで呼び出すことになりますが、2つの楽器があるタイミングで同時に演奏開始する方が合奏らしいですよね。プログラムの構造としても、対等の部分は同じような処理にする方がわかりやすいのです。

　でも、当初は［実行］ボタンで一斉に演奏開始するつもりだったのに、後か

ら制御の流れを変更しても構わないのでしょうか？　このようなことは、プログラミングの手順に沿って進めていくとよくあることで、行き当たりばったりというのでなければ、思い切って変更してもよいのです。

　ただし、「他にも［実行］ボタンで動き出すコードがなかったか？」など、**変更によって影響を受ける要因を丁寧に吟味しなければなりません。**今回の場合、関係するスプライトはフルートとギターだけで、「一斉に演奏を開始する」ことには変わりないので大丈夫そうですね。これは、関係する要因をチェックするという「確認の方法」についての重要な技法です。

▶ タイミングの合った演奏の実現方法（並列と同期）

　複数の楽器を同時に演奏する合奏では、各楽器を並行して演奏しなければなりません。制御の流れが同時に複数できるわけで、これを並列といいます。

　そして、デザインで考えたように、並列だけでは制御の余分な時間のために、楽器間のずれが生じるため、ときどき待ち合わせをします。このように並列実行の足並みをそろえることを、同期を取るといいます。これはメッセージと違い、どちらが早くても足並みがそろう、ということです。合奏は典型的な例ですが、その他にも一方が計算した結果を他方で使う、各自が計算した結果を合計する、というような場合も同期を取る必要があります。

▶ 同期変数

　同期を取るには、広域的な変数を使います。これは、特定の変数にお互いに情報を追加していき、全部そろったら次に進むことでタイミングを合わせるのです。このときに使われる広域的な変数を同期変数といいます。

　同期変数の使い方にはいろいろな方法があります。同期を取る制御の流れの数をnとして、例えば次のような方法があります。

> ① 同期変数を1個用意。0に初期化しておき、各流れの終わりで1を加える。同期変数の値がnになったらOK。
>
> ② 同期変数をn個用意。すべて0に初期化しておき、各流れの終わりで自分用の同期変数を1にする。すべての同期変数の値が1になったらOK。

1 時間目

2 時間目

3 時間目

4 時間目

5 時間目

6 時間目

> **メモ** ①のように同期変数が1個の場合は、同期変数が複数の制御の流れで同時にアクセスされることがないように、アクセス時にロックをかける必要があります。ロックというのは、誰かがアクセスしている間は他のアクセスができないようにする仕組みです。②の方法ならロックは不要ですが、制御の流れの数だけ同期変数が必要です。

▶ フルートとギターのタイミング合わせを同期変数で行う

　フルートとギターのタイミング合わせを、②の方法で実現してみましょう。次のような手順で考えれば、どちらの楽器が早くても、うまく同期がとれそうですね。図5-6に同期変数の使い方のイメージを図示したので、あわせて確認してみてください。このような図は流れを図にする（時系列図）という「表現の工夫」の技法に含まれるものです。

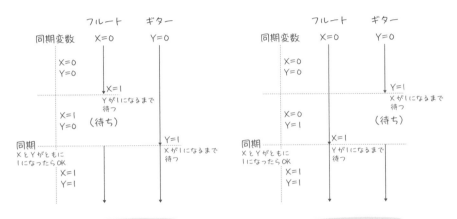

(図5-6) フルートとギターの同期の取り方

- ・同期変数をフルート用とギター用に2個用意し、両方とも0に初期化します。
- ・各楽器とも、同期を取るところで自分用の同期変数を1にし、他方の同期変数が1になるまで待ちます。
- ・すでに他方の同期変数が1になっていれば、待たずにそのまま継続して実行します。

▶ベルのタイミング

　ベルは、「ドレミファソ・」の「・」のところで、メッセージを使って鳴らせば十分です。ここではフルート側からメッセージを出すことにします。

▶合奏のアルゴリズムのまとめ

　ここでのポイントは、各楽器のコードのつくり方と、複数の楽器のタイミング合わせでした。特に後者は、並列と同期という観点でアルゴリズムを工夫しました。図5-7に、合奏のアルゴリズムの流れ図を示します。これも「表現の工夫」に関する「流れ図」ですが、同期のタイミングを縦方向にそろえているので、「時系列図」も兼ねています。なお、図5-5と少し違っているのは、ステージでの初期設定に途中で気が付いたことによるものです。

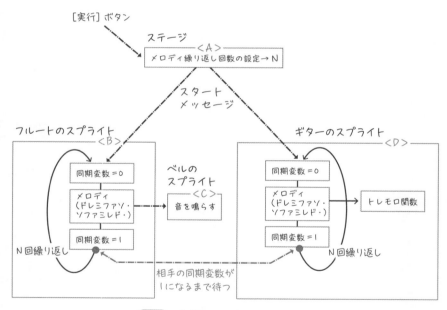

（図5-7）　合奏のアルゴリズムの流れ図

▶合奏の組み立て

　それではアルゴリズムに従って、合奏の組み立てを行いましょう。背景とスプライトの準備が済んでいる練習用のサンプルファイル「5-2_ensemble_練

習用.sb3」を読み込んでいただいた前提で、説明を進めていきます。ブロックパレットを一番下までずらして、「音楽」の拡張機能が取り込まれていることを確認しておきましょう。

　今回使用しているスプライトは、ギターとベルは既存のものですが、フルートは新たに描いたものです。余裕のある方は自分で描いたり、楽器自体を変えたりしても構いません。また、背景も既存の舞台を使っていますが、こちらも自由に替えていただいて問題ありません。

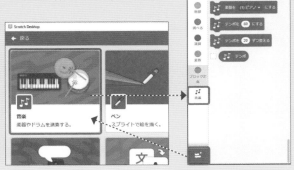

> **メモ**
>
> 新規に自分で音楽の拡張機能を取り込む場合は、デスクトップ画面左下の ［拡張機能を追加］ボタンを左クリックし、「拡張機能を選ぶ」画面で ［音楽］を左クリックして、ブロックパレットに取り込みます。楽器を選択して音符のブロックを並べれば、楽器の演奏コードができます。
>
> Scratch では、音階、拍子、テンポを組み合わせて、メロディやリズムをつくります。
>
> ・音階
> 　1オクターブが8音階（ドレミファソラシド）と半音から成り、11オクターブあります。音の高さは、0〜130の数字で表します。60が基準の「ド」です。
>
> ・拍子
> 　1つの音の長さを整数または小数で表します。
>
> ・テンポ
> 　速さを整数で表します。拍子とテンポはどんな数字を指定してもいいのですが、最小と最大はScratch内で自動的に決められています。標準はテンポ60で1拍が約1秒になり、テンポを大きくすれば速くなります。拍子とテンポを組み合わせて、リズムをつくります。テンポは現状では、1拍3秒程度より遅くはできないようです。またテンポの数を大きくしても、ある程度以上には速くなりません。拍子に0以下の数値を指定すると無効となります。なお、拍子と秒との関係は、動作環境に依存しますので、あくまで目安としてお考えください。

　それではスプライト別に組み立てを行いましょう。ここでは、ステージにもコードがありますので、まずここから組み立てていきます。

◀ ＜A＞ステージの組み立て

　ステージには、メロディ繰り返し回数を初期設定して、開始メッセージを出すコードをつくります。

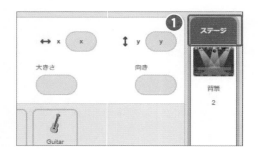

❶ 画面右端の［ステージ］を左クリックして、背景の画面に切り替えます。

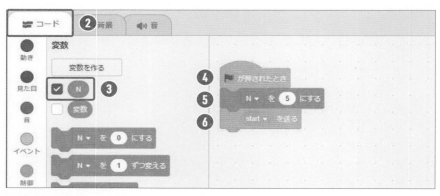

❷ 画面上部の［コード］タブを左クリックして、コード画面に切り替えます。

❸ ブロックパレットの［変数を作る］を左クリックして、「新しい変数」画面を開き、広域的な変数「N」をつくります。この変数が、フルートとギターのメロディ繰り返し回数として使われます。

> **メモ**　ステージ上で変数を作成した場合、「新しい変数」画面には「この変数はすべてのスプライトで利用できます。」と表示され、自動的に広域的な変数になります。

❹ 「イベント」ブロック群から「▶︎ が押されたとき」をドラッグして、コードエリアに置きます。

❺ その下に、「変数」ブロック群の「[N▼] を [0] にする」ブロックをドラッグしてつなぎます。変数名は [N] で、値の [0] の部分に演奏を繰り返す回数を入力します。とりあえず [5] と入力しましょう。

❻ 「イベント」ブロック群の「[メッセージ1▼] を送る」をドラッグして、コードにつなぎます。[▼] を左クリックし、「新しいメッセージ」を選択して、「新しいメッセージ」画面を開き、メッセージをつくります。メッセージの名前は、開始メッセージの意味で「start」とします。

1 時間目

2 時間目

3 時間目

4 時間目

5 時間目

6 時間目

▶︎ ＜B＞フルートの組み立て

続いて、スプライトリストの［Flute］を左クリックして、フルートのコード画面に変更しましょう。フルートは、開始メッセージを受け取って演奏を始め、簡単なメロディを初期設定で決めたN回繰り返します。

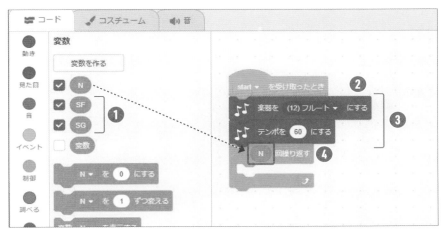

❶ 最初に同期変数を2個つくります。ブロックパレットの［変数を作る］を左クリックして、「新しい変数」画面で、広域的な変数「SF」（フルート用）、「SG」（ギター用）を作成しましょう。なお、Sは同期（synchronism）のSです。変数はステージ上にも表示されており、値は0になっています。

❷ 「イベント」ブロック群から「［〜▼］を受け取ったとき」をドラッグし、コードエリアの余白に置きます。［▼］を左クリックして、メッセージ一覧から［start］を選びます。これがフルートの開始のブロックになります。

❸ この下に「音楽」ブロック群から、楽器選択とテンポ設定のブロックをドラッグしてつなぎます。テンポの値は標準の［60］にしておきます。

❹ 「制御」ブロック群の「［〜］回繰り返す」ブロックをドラッグしてつなぎます。繰り返し回数は、「変数」ブロック群の「N」をドラッグしてはめ込みます。これで、初期設定で設定した回数（ここでは5回）だけ、繰り返すことになります。

・フルート側の同期制御をつくる

　次に、繰り返しの中身をつくります。この中にメロディと同期制御が入るのですが、メロディ部分はブロック定義にします。そうすれば、同期制御がわかりやすくなります。また、メロディの変更もこのブロックの入れ替えだけで済み、全体の制御の流れに影響を与えることなく、簡単に行うことができますね。

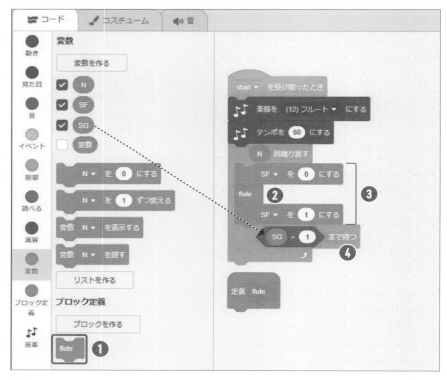

❶ まず、フルートのメロディ部分のブロック定義のために、「ブロックを作る」を左クリックして「flute」ブロックをつくります。引数はありません。本体は後でつくります。

❷ ブロックパレットの「flute」ブロックをドラッグして、コードエリアの繰り返しブロックの中に挿入します。

❸ 「flute」ブロック呼び出しの前に「[SF] を [0] にする」を、後に「[SF] を [1] にする」を挿入します。これで、フルートの演奏後に同期変数（SF）を1にすることができます。

❹ 「制御」ブロック群の「[] まで待つ」をドラッグして、繰り返しの最後に挿入します。穴の部分には、「演算」ブロック群の「[] = [50]」ブロックをドラッグしてはめ込みます。左の穴には「変数」ブロック群から「SG」をドラッグしてはめ込みます。[50] には [1] を入力します。

・フルートのメロディをつくる

　次に、フルートのメロディのブロックをつくります。今回は「ドレミファソ・ソファミレド・」ですが、これは自由に音符を並べていただいてもよいのです。

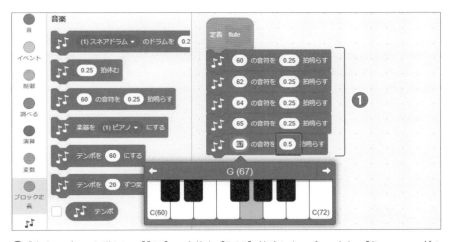

❶ 「音楽」ブロック群から、「［60］の音符を［0.25］拍鳴らす」ブロックを、「flute」ヘッダの下に5個つなぎます。［60］の部分は「ドレミファソ」に対応する音の高さで、数字を直接入力するか、左クリックで現れる鍵盤から選びましょう。拍数は、最後の音だけ［0.5］拍にします。

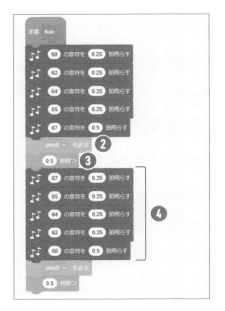

❷ ベルを鳴らすメッセージを出すために、「［playB▼］を送る」ブロックを挿入します。「playB」というメッセージは、「新しいメッセージ」画面で新規につくりましょう。

❸ メッセージの後に、「［0.5］秒待つ」ブロックを挿入します。「1拍1秒」ですから、これで前半部分の、合計2拍のメロディができました。

❹ 同じように「ソファミレド・」の部分をつくります。最後にベルを鳴らすメッセージと、「0.5秒待つ」を挿入して、後半も2拍のメロディになります。つまり、全体で4拍のメロディを奏でます。

▶️ <C>ベルの組み立て

次に、スプライトリストの［Bell］を左クリックして選択します。ベルは、フルートからメッセージを受け取って、そのたびにベルの音を鳴らします。

まず、ベルのスプライトの音を確認しておきましょう。

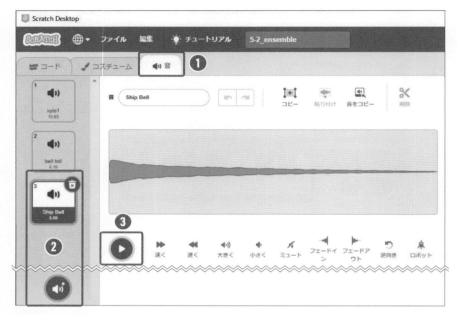

❶ 画面上部の「音」タブを左クリックして、音画面に切り替えます。

❷ 左端のアイコンの中に、［Ship Bell］があることを確認します。これは、左下の［音を選ぶ］ボタンで自由に選んでいただいても構いません。

❸［再生］ボタンを左クリックすれば、実際にスピーカから音が出て確認できます。

それでは、ベルのコードをつくります。これは、メッセージを受け取ったらベルを鳴らすだけの単純なものです。

④ ［コード］タブでコード画面に切り替えます。

⑤「イベント」ブロック群から「［～▼］を受け取ったとき」ブロックをコードエリアに置きます。メッセージの一覧から［playB］を選択します。

⑥ その下に、「音」ブロック群の「［～▼］の音を鳴らす」ブロックをつなぎます。音の一覧から［Ship Bell］を選択しましょう。

◆ ＜D＞ギターの組み立て

　最後にギターの組み立てです。スプライトリストの［Guitar］を左クリックして選択します。

　ギターは、開始メッセージを受け取って演奏を開始し、フルートと同じく、簡単なメロディを初期設定で決めたN回繰り返します。ただし、こちらはトレモロで余分な繰り返しが入るので、拍数をフルートと同じにしても、微妙にずれてしまいます。そのために同期の工夫を入れているわけですが、この辺りに注意しながら組み立てましょう。

> **メモ**
>
> ここは少し専門的な補足なので、読み飛ばしても構いません。
> 同期変数は、基本的には同期ごとに対応して用意する必要があります。実を言うと今回は、一組の同期変数（SFとSG）を繰り返しの中で使っているので、厳密にはよくありません。万が一、一方の繰り返しが他方より一巡早くなると、うまく同期が取れなくなります。アルゴリズムでは、メロディの前後で同期変数を0と1に切り替えますが、1に切り替えてから次の繰り返しで0に戻すまでの間に、他方が2回繰り返してしまうと、同期がずれてしまう、ということです。
> でも今回は、繰り返しの中でそれぞれメロディを奏でるという大きな仕事があり、ほぼそろった繰り返しが行われるので、そのような心配はありません。そのため、厳密性よりも初学者にとってのわかりやすさを優先したことをご了承ください。
> 念のために、もう少し厳密な同期の取り方（相手との同期を取ったら、すぐに相手の同期変数を0に戻す）を、5-2_ensemble2.sb3で行っていますので、気になった方はコードを確認してみてください。

・ギター側の同期制御をつくる

　フルートと同じように、同期制御の仕組みを実現するコードを組み立てていきましょう。

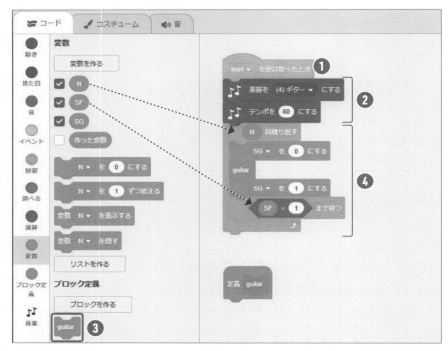

❶「イベント」ブロック群の「[〜▼]を受け取ったとき」ブロックを、コードエリアの余白に置きます。[▼]を左クリックして、メッセージ一覧から[start]を選びます。これがギターの開始のブロックになります。フルートも同じように始まるので、並列実行になるわけですね。

❷ この下に「音楽」ブロック群の、楽器選択とテンポ設定のブロックをドラッグしてつなぎます。テンポの値は標準の[60]にしておきます。

❸ ギターのメロディ部分も定義ブロックにします。「ブロックを作る」を左クリックして「guitar」ブロックをつくります。コードエリアにも「guitar」ブロックのヘッダができます。引数はありません。

❹ フルートと同じように、ギターのメロディ部分の繰り返しブロックをつくります。繰り返し回数に「変数」ブロック群の「N」をドラッグしてはめ込みます。繰り返しの中身は、同期変数「SG」を[0]にする→「guitar」ブロックを呼び出す→「SG」を[1]にする→フルート用の同期変数「SF」が1になるまで待つ、というものになっています。

・ギターのメロディをつくる

　次に、ギターのメロディのブロックをつくります。これも「ドレミファソ・ソファミレド・」ですが、トレモロなので、音階1つごとにトレモロ関数を呼ぶことにします。余裕のある方は、フルートと拍数を合わせながら、自由なメロディにしていただいて構いません。

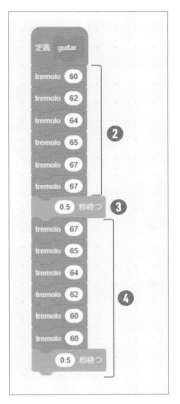

❶ トレモロ関数（p.121参照）のブロック定義のために、「ブロックを作る」を左クリックして「tremolo」ブロックをつくります。引数は1個で、これは音の高さを表す数値が入ります。コードエリアに「tremolo」ブロックのヘッダができます。本体は後でつくりましょう。

❷ tremoloブロック呼び出しを並べて、ギターのメロディをつくります。引数に「ドレミファソソ」の音の高さを表す数値を入力します。

> **メモ**　「tremolo」ブロック1回で0.25拍に相当しますが、フルートの対応する最後の音だけは0.5拍でした。それに合わせて、最後は「ソソ」といった2回同じ音の「tremolo」ブロック呼び出しを行っています。

❸ [0.5] 秒待つ」はフルートと同じです。

❹ 同じように後半の「ソファミレドド・」のブロックをつなげます。これで「guitar」ブロックも合計4拍になります。

　次に、「tremolo」ブロックの本体をつくります。

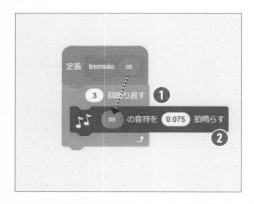

① 「tremolo」ブロックヘッダに「[〜]回繰り返す」ブロックをつなぎます。トレモロは3連符なので、[〜]の繰り返し回数は[3]と入力します。

② 「音楽」ブロック群の、「[60]の音符を[0.25]拍鳴らす」ブロックをドラッグして、繰り返しブロックに挿入します。左の穴の[60]は音の高さなので、引数の「m」をドラッグしてはめ込みます。右の穴の拍数には[0.075]と入力しましょう。

> **メモ** 厳密には0.25拍を3連符に分ける（3で割る）のですが、繰り返しの余分な時間を見込んで、とりあえず[0.075]としました。実はこの値が、タイミング合わせにとって重要で、繰り返し制御の影響を大きく受けるのです。

▶ 組み立てたプログラムの振り返り

　これで、一通り組み立てが終わり、アルゴリズムで考えたコードができました。変数「N」は非表示にしていいですが、同期の様子を見るために、「SF」と「SG」はそのまま表示しておきましょう。[実行]ボタンを左クリックすると、フルートとギターの合奏になり、ずれてくるたびに同期による調整が行われるはずです。ベルもタイミング良く鳴りますね。

　でも、もう少しぴったりあわせたい、という感じもしませんか？　どの程度ずれるかはお使いのパソコンの動作環境にもよるのですが、できるだけぴったり合わせるための振り返りを行いましょう。

　ここでは「原因から本質的な解決策を探る」の技法を用います。タイミングがずれてしまう原因は、フルートは単音、ギターはトレモロなので、拍数は同じでも、制御の流れの違いでずれてくるという点にありました。これを確かめ、改善するために、トレモロ関数の側で拍数を調整しましょう。つまり、「tremolo」ブロックの「[60]の音符を[0.075]拍鳴らす」の拍数を、いろいろな値に変えて試してみるのです。

　まず、「0.25 ÷ 3 ＝ 0.0833333……」ということで、[0.08333]にしてみましょう。かなりいい感じですが、少しギターが遅れ気味です。やはり繰り返し制御の余分な時間のせいですね。でも[0.075]ではギターが早くなりすぎ

ましたから、その間の［0.08］に近い数値が良さそうですね。

　このように、トレモロ関数の「拍数」の側でも調整するという解決策で試行錯誤を重ねれば、かなりタイミングの合った演奏を実現できるはずです。組み立てが終わってからでもこのような振り返りは、良いプログラムに改善していくためにとても大切なことなのです。

> **メモ**
> ここでは簡単な同期の取り方を使いましたが、付録のサンプルコードでは、もう少し工夫した同期の取り方を行っています。
> 「5-2_ensemble3.sb3」は、同期か所が多い場合の工夫として、同期変数の代わりにSyncという「リスト」を2本使って、要素ごとで同期を取っています。「リスト」とは複数のデータをまとめて記憶する方法なのですが、少し難しい話になるので本書では解説していません。興味がある方は調べてみてください。
> 「5-2_alhambra.sb3」は、ギターのトレモロの名曲「アルハンブラの思い出」です。

✣【ちょっと深入り】　並列の注意事項

　ここからは、この節で取り上げた「並列」について少し深入りする内容です。

　並列は、合奏のような本質的に並行実行が必要な場合だけでなく、処理の効率を上げるためにもよく使われます。このとき、直列では考える必要がなかった注意点がいくつかあります。

▶ 並列の実行時間について

　並列は縦に長い直列の流れを横並びにするわけですから、横並びの数が多いほど、1つの縦の流れの実行時間を短くすることができます。

　ただ、横並びの数をnとしても、時間が1/nになるわけではありません。これは、どうしても直列で順番にやらなければならない部分や、横並びの流れの間でのやりとりに、余分な時間がかかるからです。多人数で仕事を手分けしても、全員集合の会議やお互いの調整に手間取る、というようなものです。時間短縮が目的の場合は、適度な並列ということを考えないといけません。

▶ 並列の横並び実行でお互いに邪魔し合わない

　横並びになった各制御の流れが、お互いに邪魔し合うことのないように注意が必要です。これは制御がそれぞれ完全に独立しているなら、気にしなくてもよいことですが、そうでない場合は致命的です。

まず、1つのスプライトで矛盾する動作を行ってはいけません。例えば、猫が動くプログラムで、右に動くコードと左に動くコードを同時に実行すると、猫は不安定に動いてしまいます。

また、複数のスプライトで同じ変数に同時に代入すると、相手の代入を壊してしまうことがあります。合奏の同期変数を1個で済まそうと思えば、ロックをかける必要があることをメモで書きましたが（p.123参照）、これはまさに同時アクセスを避けるためです。

反対に、お互いに相手を待ち合った結果、両方ともの動きが止まってしまうというようなことも避けないといけません。例えば、フルートとギターで自分の同期変数の設定と相手の同期変数の参照の順を逆にすると、一回で止まってしまいます（p.128③、p.132④参照）。これをデッドロックといい、複雑な流れの処理では起こりがちな誤りです。

▶ 並列から直列に戻るときは注意

並列から直列に戻るときにも、注意が必要です。これを集約といい、各処理の間で、同期を取ることになります。例えば、各自の計算結果を合計するのは、集約にあたります。また、合奏の終わりに聴衆の拍手があるなら、各楽器の演奏終了の後で拍手のスプライトを実行する、というのも集約になります。

このような集約についても、同期変数で実現することが可能です。同期変数1個の場合は、最初0に初期化しておき、各制御の流れが終わったときに同期変数にロックをかけながら1を加えていけば、全員が終わったときには同期変数の値が横並びの数と同じになっているはずです。そうなるまで、次の処理を待てばよいわけです。図5-8にイメージを示します。

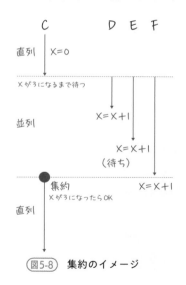

図5-8 集約のイメージ

野球ゲームをつくってみたい！（分岐の考え方）

5章の最後では、野球ゲームのつくり方を考えていきます。機能を絞ったシンプルなものですが、基本さえつかめれば、音声をつけたり、ボールを変化球にしてみたりと、少しずつ応用できるようになってくるはずです。

✚ 野球ゲームの目標

野球のバッターとボールのスプライトを使って、テレビ画面で野球中継を観るような感覚のアニメーションをつくります。

まず、「5-3_baseball.sb3」を読み込んで、実際に遊んでみながら目標を明確にしましょう。

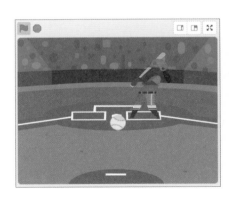
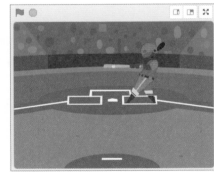

① ［実行］ボタンを押します。

② マウンド上からボールが動き出します。

③ バッターをクリックするとバットを振ります。

④ ボールをとらえるとホームラン、タイミングが悪いと空振りです。

1 時間目

2 時間目

3 時間目

4 時間目

5 時間目

6 時間目

🔩 野球ゲームのデザイン

ここでのデザインのポイントは次の2つです。

・奥行きのあるボールの動きをどう表現するか？
・バットにボールが当たったことをどう判定するか？

▶ ボールの動きの表現方法

ボールの動きは「投球」「ホームラン」「ストライク」の3つに分けて考えられそうです。この図では、Scratchの既存の背景を使っていますが、イメージ図の段階では雰囲気がわかるような手描きの図で構いません。

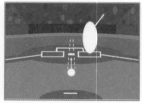 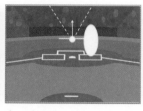 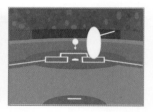

投球：マウンドからホームベースに向かって上方向に小さくしながら動かす。

ホームラン：ホームベース上からさらに上方向に大きくしながら動かす。

ストライク：ホームベース上から下方向に小さくしながら動かす。

(図5-9) 野球のボールの動きのイメージ

▶ バットにボールが当たったかどうかの判定方法

さて次に、「バットがボールに当たった」ということを、どのように画面上で表現できるかを考えてみましょう。「当たった」ということは、あるタイミングで、バットとボールが同じ「位置」にあったということですね。

画面上で何かの位置を比較するには、両者の縦位置と横位置が同じなら、同じ位置にあると判断できます。シューティングゲームや宝物探しのゲームなども、みな同じ考え方でできます。

ここでは、バッターの位置は動かないので、スイングした際のバットの位置は固定されています。さらにボールの側も、横方向の変化はありません。した

がって、**クリックしてバットを振ったときのボールの縦位置と、すでに決まっているバットの縦位置さえ一致していれば、両者は同じ位置にあることになります。**「位置」に注目すると、このようなシンプルな基準で、バットがボールに当たったと判定することができます。

　図5-10に、デザインのまとめを示します。「投球」「ホームラン」「ストライク」の動きは、図5-9に示したとおりです。このようにデザインも「表現の工夫」に関する技法を使って、ポイントの関係を図にするとわかりやすくなりますね。

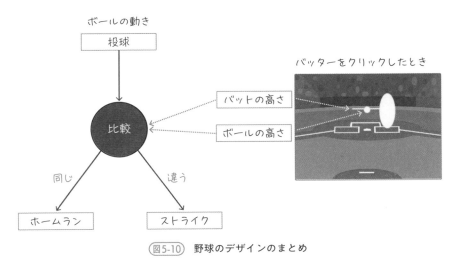

(図5-10)　野球のデザインのまとめ

✛ 野球ゲームのアルゴリズム

　では次に、野球のデザインを実現する方法を考えていきます。先に図5-11で、これから考えていくアルゴリズムのイメージを、スプライト単位で示します。この図は、「表現の工夫」に関する技法によって、スプライトの関係とともに、処理の流れを示す図になっています。これをもとに、それぞれ少し詳しく考えていきましょう。

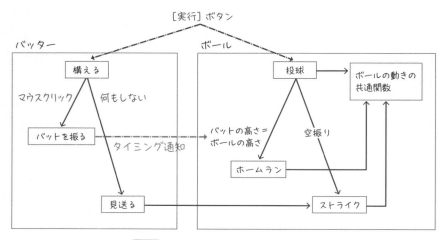

（図5-11） 野球のアルゴリズムのイメージ

▶ ボールの動きの実現方法

ボールの動きには、投球、ホームラン、ストライクの3通りがあります。これらのデザインの実現方法を考えます。

・投球の動きを実現する方法

［実行］ボタンでマウンド上に表示し、ホームベース上まで「小さくしながら上に少し動かす」ことは「繰り返し」を使えば実現できそうです。繰り返しの回数は、マウンド上からホームベース上までのボールの高さの縦方向の距離を、一回のボールの動く歩数で割った値です。

例えば、ボールの最初の高さ（y座標）が－60、バットの高さ（y座標）が70とすると、ボールを130歩動かすことになります。一回の歩数を10歩とすると、繰り返し回数は130÷10＝13回ですね。

ボールの一回の歩数を大きくして繰り返し回数を少なくすれば球速が速くなり、逆に一回の歩数を小さくすれば球速が遅くなります。

・投球から次の動きへの接続

投球でボールがホームベースに到達したら、「バットにボールが当たったかどうかの判定」に従って、次の動作に移ります。すなわち、当たればホームラ

ン、そうでなければストライクの動作です。

ホームランのボールは、バットの高さから「形を大きくしながら、少し上に動かす」ことを何回か繰り返します。ストライクのボールは、バットの高さから「形を小さくしながら、少し下に動かす」ことを何回か繰り返します。

・ボール関数（ボールの動きの共通関数）

さて、ここまで見たボールの動きを一般化して考えてみると、次のような形になっています。

> 「形を［**大きく／小さく**］しながら［**上／下に少し**］動かす」ことを
> ［**何回か**］繰り返す

［〜］に相当する引数を持つ関数をつくれば、投球、ホームラン、ストライクは、同じ関数の引数を変えるだけで実現できそうです。

そこで、これを実現する「ボール関数」というものを考えてみます。投球、ホームラン、ストライクのそれぞれのボールの移動距離をステージ上で決めて、球速を考慮しながら、各引数を決めれば、それぞれにふさわしいボール関数呼び出しを行うことができます。

ボール関数

ball(n, s, d, t)

　　・関数名　　ball

　　・引数　　n:回数、s:大きさの変化量、d:1回の移動量、t:待ち時間

　　・処理内容

> n回、以下を繰り返す。
> 　　［大きさを s%だけ変える。
> 　　　d歩だけ動かす。
> 　　　t秒だけ待つ。］

※呼び出し例　　ball(13, − 5, 10, 0.2)

　「0.2秒ごとに5%小さくしながら、上方向に10歩ずつ、13回動かす」

　これは「問題を広げる（一般化）」とともに、「製造の技術」に関する技法の「共通に使えるようにする（部品化）」も行っているのです。

▶バットにボールが当たったかどうかの判定の実現方法

　「バットの高さとそのときのボールの位置」で当たったかどうかを判定するデザインは、どのように実現できるでしょうか？

・バットを振ったタイミングで判定を行う方法

　マウスでクリックしたときに、バッターはスイングします。このときに、「このスプライトが押されたとき」というイベントが発生します。

　これをボール側で拾うことができれば、バットを振ったタイミングがわかります。具体的には、バッター側で「このスプライトが押されたとき」にメッセージを出せば、ボール側ではこのメッセージを受け取ったときに、ボールの高さとバットの高さ（固定）を比較することができます。比較の結果は広域的な変数に記憶します。この変数は最初0にしておいて、当たったときだけ1にします。

・分岐の考え方

　これでボールがバットに当たったかどうかを判定し、その結果を変数として記録することができそうです。この変数（結果）に応じて、異なる処理（ボールの動き）を呼び出すことができれば、デザインで考えたゲームの流れが実現すると考えられます。つまり、以下のようにボールの動きを制御できればよいということです。

> ・もし変数が0なら……投球→ストライクの動きへ
> ・もし変数が1なら……投球→ホームランの動きへ

この「もし○○なら××」という処理をプログラム上で実現するには、分岐という新しい考え方が必要になってきます。「○○」の部分が条件を表し、これが真のときだけ「××」を実行するので、条件分岐ともいいます。並列の場合と違って、複数の中から「1つだけを選んで実行する」という点がポイントです。

これはScratchに限らず、アルゴリズムを組み立てる上で重要な考え方の1つです。**分岐がないと、考えられるすべての処理を実行した上で、最後に目標に適ったものを生かす、というような無駄なプログラムになってしまいます。**

・Scratch の分岐

Scratchには分岐を実現するために、「制御」ブロック群に次のブロックがあります。

赤い囲みで示した部分は条件です。これが真の場合、青い囲みの［処理1］を実行し、偽の場合、緑の囲みの［処理2］を実行します。これを使って、条件を「変数が1ならば」とすれば、さきほどの分岐をScratch上で実現できるわけです。

2つ目のブロックは［処理2］つまり、条件が偽の場合の処理がありません。この場合は条件が偽のときは何もしない、ということになります。

▶ **アルゴリズムのまとめ**

アルゴリズムで工夫した重要な点は、次の2つです。

・ボール関数を定義して、3通りのボールの動きを実現すること
・バットがボールに当たったかどうかの判定と、その後の処理選択に分岐
　を使うこと

図5-12に、野球のアルゴリズムの流れ図を示します。「流れを図にする」は「表現の工夫」の1つの技法でしたね。先ほどの工夫点がよくわかると思います。

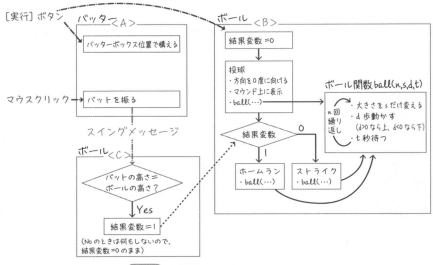

(図5-12) 野球のアルゴリズムの流れ図

✚ 野球ゲームの組み立て

　それではアルゴリズムに従って、組み立てを行います。以下では、「5-3_baseball_練習用.sb3」を読み込んでいただいた前提で説明を進めていきます。これは背景とスプライトの準備がすでに済んでいるものです。「コスチューム」画面で、バッターのコスチュームが4種類、ボールのコスチュームが1種類あることを確認しておきましょう。

▶ ＜Ａ＞バッターの組み立て

　まず、図5-12で整理したうち、＜Ａ＞の部分のアルゴリズムを、ブロックで組み立てていきます。完成したブロックは次のようになります。ここでは、ポイントを絞って解説していきます。

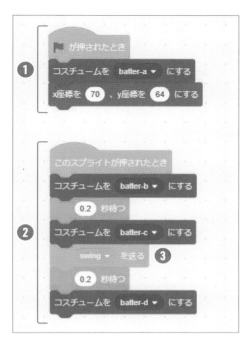

❶ 「🏴 が押されたとき」の下には、構えのコードをつくります。これは、1枚目のコスチュームを、バッターボックスの位置に置きます。

❷ 「このスプライトが押されたとき」の下には、バットを振るコードをつくります。これは、コスチュームを順に表示します。0.2秒待ちながら表示すれば、自然に見えます。

❸ 3枚目のコスチュームはボールをとらえるタイミングなので、このときにバットを振ったことを示す「スイングメッセージ」を出します。これをボール側で受け取って、当たったかどうかのチェックを行います。これには「イベント」ブロック群にある「[メッセージ1▼] を送る」ブロックを使います。[▼] をクリックして [新しいメッセージ] から、メッセージの名前を設定します。ここでは「swing」としましょう。

[実行] ボタンを左クリックしてから、バッターを左クリックして、動きを確認してみましょう。

＜B＞ボールの組み立て

次に、図5-12の＜B＞の部分の組み立てを見ていきます。ここでは先に、以下の2つの作業を行っておきましょう。

・ボールが当たったかどうかをチェックする変数「Hit」の作成

「変数」ブロック群の [変数を作る] を左クリックし、「すべてのスプライト用」にチェックを入れた上で、変数名「Hit」を入力して作成しておきます。

・3種類のボールの動きへ分岐させるためにヘッダを3つ作成

　「ブロック定義」の［ブロックを作る］から作成します。引数は必要ないので、名前を入力して［OK］をクリックし、順番につくっていきましょう。名前は、投球用を「pitch」、ホームラン用を「homerun」、ストライク用を「strike」とします。それぞれの中身については、後ほどつくります。

　それではまず、今回の課題のカギである分岐の部分について、組み立てたコードを見ていきます。

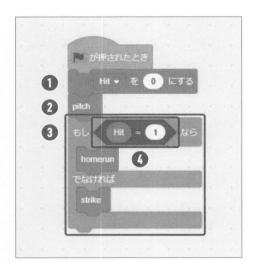

❶「変数」ブロック群にある「[Hit▼] を [0] にする」ブロックで、変数「Hit」を［0］にします。

❷「pitch」の定義ブロックを呼び出し、投球用のボールの動きを実現します。

❸ 投球動作の後で、変数「Hit」によって、「homerun」か「strike」に分岐させます。「homerun」を［処理1］、「strike」を［処理2］の部分にはめます。

❹ 条件は「変数Hitの値が1か0か」なので、「演算」ブロック群にある「[] = [50]」というブロックを、条件の穴にドラッグします。条件の左の穴に、「変数」ブロック群にある「Hit」をドラッグします。条件の右の穴には、[1] を直接入力します。

　これで、分岐を使った動作の大きな流れができました。次に、投球（pitch）、ホームラン（homerun）、ストライク（strike）の各動作のコードを、ボール（ball）関数を使って作成します。

　先に、ボール関数の組み立てを見ていきます。

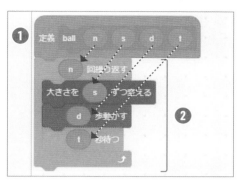

① ボール関数の定義ブロックをつくるために、「ブロック定義」の「ブロックを作る」から、引数4個の「ball」のヘッダをつくります。

② p.141で考えたボール関数の定義に沿って、ブロックを定義していきましょう。つまり、「[大きさをs%だけ変えながら、d歩動き、t秒待つ]ことをn回繰り返す」ようにすればよいのです。

そして、投球、ホームラン、ストライクの動作の組み立てを見ていきます。

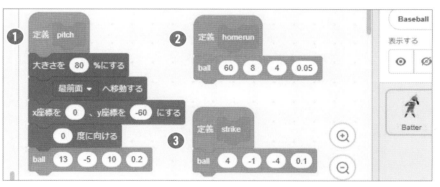

① 先に作成した「pitch」のヘッダの下に、投球動作をつくっていきます。

・大きさを［80］％にする：そのままではボールのサイズが大きすぎるので調整します。スプライトリストの情報にも、「大きさ」として表示されます。

・［最前面▼］へ移動する：ボールとバットが重なったときは、ボールを上に表示するために使用しています。

・x座標を［0］、y座標を［－60］にする：ボールが動き始める地点の座標です。この設定は、投球動作で何歩動かせばよいかにも影響します。すなわち、ホームベース上でのバットの高さが70なので、この場合は、70－（－60）＝130歩動かすことになります。

・［0］度に向ける：上方向基準（マイナスなら下）でボールが動くようにします。

・「ball」ブロック呼び出し：動く歩数は130歩ですから、10歩ずつ13回繰り返しましょう。大きさは5％ずつ小さくしていきます。待ち時間は0.2秒にします。これらの引数を変更すれば、剛速球やスローボールにアレンジすることもできます。

② 「homerun」ヘッダの下に、ホームランの「ball」ブロック呼び出しの引数を入れます。

③ 「strike」ヘッダの下にも、ストライクの「ball」ブロック呼び出しの引数を入れます。キャッチャーミットの位置まで、少しだけ下方向に動くように数字を調整しましょう。

＜Ｃ＞スイングメッセージに対応する動作の組み立て

　ボールのスプライトには、バッターが出すスイングメッセージを受け取って、バットがボールに当たったかどうかチェックするコードも必要です。これは、［実行］ボタンで動き出すコードとは独立して動くようにします。

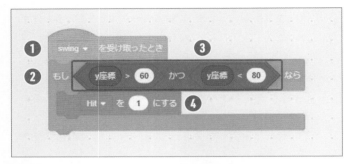

❶「イベント」ブロック群にある「［swing▼］を受け取ったとき」ブロックを置きます。［▼］を左クリックすると、使用可能なメッセージの一覧が表示されるので、［swing］を左クリックで選択してください。

❷ スイングメッセージを受け取ったときの処理は、「もし［］なら」ブロックを使います。

❸ 条件の穴を埋めていきます。まず、「演算」ブロック群の「［］かつ［］」ブロックをはめます。そして左の穴に「［］＞［50］」、右の穴に「［］＜［50］」のブロックをはめていきます。ドラッグ先が入れ子になっているので、的確な位置になるように注意してください。続いて、「動き」ブロック群の「y座標」を、それぞれの左側の空白にドラッグします。「＞60」と「＜80」になるように右側の空白に数字も入力します。

❹ 実行する処理として、「変数」ブロック群の「［Hit▼］を［0］にする」ブロックを挟みます。［▼］を左クリックすると使用可能な変数の一覧が表示されるので、［Hit］を左クリックで選択します。また、［0］の部分は［1］に変更しましょう。

　これで、アルゴリズムで考えたコードができたので、実行して確かめてみてください。

　どの例題も「①完成イメージ（目標）、②デザイン、③アルゴリズム、④組み立て」というステップで進めてきましたが、もし②と③をとばして、いきなり④の組み立てを行うと、できあがりはどうだったでしょうか？　②と③の過程がとても大切だということを、体験していただけたかと思います。それぞれのステップでいくつかの「プログラミングの技法」も出てきましたが、これは最終章でまとめたいと思います。

6 時間目

日常生活で実践する
プログラミング的思考

前章まで、Scratchプログラミングを通して、プログラミング的思考を実践していただきました。すると、これまでとは異なる方法で、日常の問題を眺めることができるかもしれません。

最終章では、日常生活の中で「プログラミング的思考」を生かし、さらに磨いていくための方法を紹介します。

プログラミング的思考を日常生活に生かすってどういうこと？

　身の回りのどのような問題でもよいので、その解決手順を振り返ってみましょう。ここでは、食事の準備でカレーをつくる、という問題を考えてみます。これまで学んだことを、生かすことができる箇所が見つかるはずです。

✦「プログラミングの手順」を日常生活に生かす

　「プログラミングの手順」と同じように、カレーの準備という問題解決手順を考えると、一例として図6-1のように整理することができます。

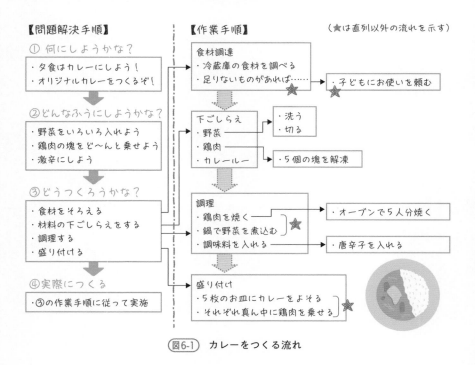

（図6-1）　カレーをつくる流れ

まず、図6-1の左半分の【問題解決手順】を見てください。

カレーの準備では、①まずどんなカレーにするか決め、②味付けや見映えなどを考え、③つくり方の作業手順を考えて、④実際につくります。③では、「食材をそろえて、下ごしらえしてから調理する」というような手順を、頭の中に思い浮かべているはずです。何ができるかわからない、というような乱暴なつくり方はしませんよね。少し新しい挑戦をしてみたいときなどは、レシピを見たり、手順を紙に書き出したりすることもあるでしょう。

このような手順は、カレーに限らず、どんな料理をつくる場合も同じです。

> ① つくりたい料理を決める（目標）
> ② 必要な材料と見映えを考える（デザイン・表現の仕方）
> ③ 作業手順を整理する（アルゴリズム・実現の仕方）
> ④ 実際に料理を行う（組み立て）

これはここまでScratchプログラミングで行ってきた「プログラミングの手順」と同じですね。「目標、デザイン、アルゴリズム、組み立て」というプログラミングの手順は、日常生活での問題解決手順でもあるわけです。

日常生活でのさまざまな問題に対して、プログラミングの手順で学んだように、問題解決手順を意識すれば、安全・確実で最も良い解決策を見つける近道になるでしょう。

> **メモ** 手順ということばは、何かを行うときの順序、というような意味ですが、問題解決手順というときは、上述の①〜④に示すような思考段階、すなわち「プログラミングの手順」に相当します。一方③の内部で考えるアルゴリズムのことを処理手順や作業手順、あるいは単に（狭義の）手順ということもありますが、この場合は「プログラミングの技法」を駆使した制御の流れを指します。

✚◆ 「プログラミングの技法」を日常生活に生かす

「プログラミングの手順」の各段階で、ここまでいくつかのプログラミングの技法を使ってきました。どのような技法があったか、次ページの図にまとめました。技法を表す箱の横方向の位置は、プログラミングの手順のどの過程で使われるか、およそのタイミングを示しています。

（図6-2） プログラミングの技法の例

　これらのプログラミングの技法も、日常生活の問題解決に生かすことができます。例えば、一見複雑に見える問題も、分割して考えるとわかりやすくなりますし、一般化によって、過去の類似の問題を参考にして同じように問題解決を図ることもできます。また、制御の流れを意識することで、複雑な作業手順をうまく整理することもできます。

　それではこのような技法を、先のカレーの準備にどう生かすことができるのかを見ていきましょう。ここで紹介するのはその一例にすぎません。

▶ アルゴリズムの基本要素に分解して考える

　図6-1の右半分は、アルゴリズム（実現の仕方）のステップで考える【作業手順】を示しています。これを個別にもう少し詳しく検討します。するとそれぞれの作業は、次の基本的なパターンに分類できることがわかります。なお、①以外の作業パターンは、図6-1の★で示した部分にあたります。

① **順番が決まっている作業がある**

例）「調理」は必ず「下ごしらえ」の後にきますね。

② **同時にできることがある**

例）鶏肉を焼くのと鍋で野菜を煮込むのは同時にできます。

③ **場合によってやったりやらなかったりすることがある**

例）食材がすでにそろっているなら買いに行く必要はありません。

④ **同じ動作を繰り返し行う箇所がある**

例）盛り付けでは、人数分だけ同じことを繰り返します。

⑤ **自分でやらずに作業を別の人に頼むこともできる**

例）食材を買いに行くのは、子どもにお使いを頼めばよいですね。

さてこの5つ、どこかで見た覚えがありませんか？　そう、Scratchプログラミングを通して学んできた、制御の流れのパターンと同じですね。すなわち、以下の5つの要素のことで、本書ではこれをアルゴリズムの基本要素と呼びます。カッコ内に関係するページ数を示しますので、それぞれの内容に戻って振り返ってみてください（図6-3）。

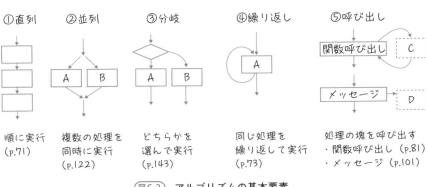

（図6-3）　アルゴリズムの基本要素

このように、私たちが日常的に行っている作業は、アルゴリズムの基本要素の組み合わせとして理解できるのです。

▶「良いアルゴリズム」に改善していく

「アルゴリズムの基本要素」によって作業手順が成り立っていることに気付けば、プログラミングの技法も使って、それをさらに良いアルゴリズムにしていくことが可能です。「良い」の基準は2章でも簡単に触れましたが、もう少し細かく見ると、以下のように分類することができるでしょう。これらはプログラミングだけではなく、日常生活の問題解決においても期待されることのはずです。

> a. 有効性が高い：実現可能性、目標の達成度が高い
>
> b. 信頼性が高い：安全、安心である
>
> c. 合理的でわかりやすい：無駄がない
>
> d. 融通性・拡張性が高い：環境の変化に対応できる
>
> e. コストが低い：完成後の維持も含めてかかる時間・費用・労力が少ない

メモ　eは他の基準とトレードオフの関係にあるので、妥協も必要です。

4章では、正三角形の作図の流れを、最初は「直列」だけで実現することを考えましたが、「繰り返し」を使って書き直すことで短いコードになり、合理的でわかりやすくなりました。さらに「関数呼び出し」を使うことで、正多角形の作図もできるようになり、融通性が高まりましたよね。5章の各プログラムでも、局面に応じて合理的なアルゴリズムになるように制御の流れを工夫しました。

このような制御の流れによるアルゴリズムの改善は、カレーの準備の中にもあります。改善のためのヒントとして、次のようなことが挙げられます。

・直列作業の順番

　「直列」で行う箇所は、その順番をどうするかによって、時間や作業量も違ってきます。例えば、カレーをつくるのに、すべて下ごしらえしてから調理するか、下ごしらえできたものからどんどん調理するかで、出来映えや時間が違ってくるかもしれません。すなわち、すべて下ごしらえしたものを一斉に鍋に入れるのと、煮えにくいものから先に下ごしらえしてすぐ鍋にいれていくのとでは、後者の方が食材の煮え方のバランスが良く、出来映えが良くなるかもしれません。これは後者の方が、有効性が高い、ということです。でも、前者の方が時間（コスト）はかからないかもしれませんね。

・分岐と呼び出し

　足りない食材があれば買いに行く、というのは「分岐」です。また、食材を買いに行くのを子どもに頼むのは「呼び出し」です。「呼び出し」については、買ってきてもらう間お母さんは待っているのか、別のことをやるのかで、かかる時間が変わってきます。これはプログラミングの技法としては、関数呼び出しと、メッセージによる突き放しの違いに相当します。今回の場合は、足りない食材と関係なくできることは並行してやりたいので、突き放しの方がよいですね。

・並列と同期

　突き放しでお使いを頼んだら、その後どのタイミングで元の作業に戻るのかも重要です。まず考えられるのは、子どもが帰ってきたら今進めている作業を中断してすぐ元の作業に戻るという方法です。また、とりあえず切りの良いところまで今やっていることを進め、その後元の作業に戻るという選択肢もあるでしょう。これらは、プログラミングの技法としては「並列の同期」に相当します。

・繰り返し

　人数分だけお皿に盛り付ける動作には、繰り返しの考え方が使えますね。一つひとつ考えていくよりも、ずっとスマートに手順を理解できるようになります。

1 時間目

2 順番目

3 時間目

4 片付目

5 時間目

6 時間目

作業手順の一般化を行う

　「問題を広げる」（一般化）というのも重要なポイントです。これは、正三角形の一筆描きから正多角形に発展させた際に行ったことです。適用範囲を広げることで、手順の中で状況によって変わる部分を変数で記述します。変数の値を状況に応じて入れ替えることで、同じ手順が使えるわけです。

　試しにカレーの準備手順も、他の料理にも適用できるように一般化してみましょう。例えば、図6-1のカレーが、ビーフカレーになったとしたらどうでしょうか？　鶏肉を焼く代わりに牛肉を煮込むという違いはあっても、大きな流れは同じです。また、量や辛さを変更したい場合も、同じ作業手順で可能ですね。

　図6-4に、カレーの種類、量（の代わりに人数）、辛さを変動要因として一般化した作業手順を示します。図の★で示した部分を見てください。一般化ではこれらの変動要因を変数とし、作業手順はこれらの変数を使って記述しています。実際につくるときに、各変数に適当な値を入れることで、同じ作業手順でつくることができるわけです。

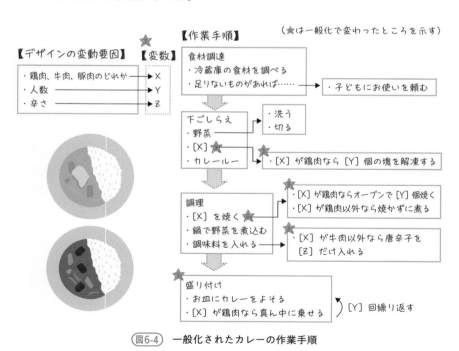

図6-4　一般化されたカレーの作業手順

日常生活のさまざまな問題をよく観察すると、類似しているものが多くあることに気付きます。一般化の考え方は、そのような場合にとても役に立ちます。作業マニュアルやレシピを作成する際などにも威力を発揮することでしょう。制御の流れの基本パターン、一般化といったプログラミングの技法を意識することで、より効率的な作業の設計図を描くことができる、ということです。

▶ 味見をして「本質的な解決策」を考える

さて、カレーができました。味見をしてみたら、どうも薄味で刺激が足りないと感じます。この場合、カレールーを急いでつくり足さないといけないでしょうか？　「確認の方法」に関する技法として、原因から本質的な解決策を考えてみましょう。

刺激が足りないと感じる原因は、カレールーが足りないことが本命かもしれません。しかし、「食べる人が刺激を感じること」が本質ですから、カレールーにこだわる必要はないと気付くわけです。

そこで、唐辛子粉や胡椒を使う案が出てきます。カレールーをつくり足すのは時間がかかりますが、唐辛子粉で済むならコストはそれほどかかりませんね。

> **メモ**　実際、筆者は激辛カレー店で、テーブルに唐辛子粉が置いてあって、小さじ何杯で辛さ何ランク、というような文面を見たことがあります。

このように、**「プログラミングの手順」と「プログラミンの技法」を応用することができれば、日々の生活はより「良い」ものになる**はずです。その経験の積み重ねがまた、プログラミング的思考を磨くことにつながります。コンピュータ上のプログラミング（Scratch）で学んだことを日常で生かし、日常で学んだことを再びプログラミングに生かしていくといった形で、日常生活とプログラミングは密接に結びつけて考えることができます。

これがまさに、「プログラミング的思考」を日常において実践するということの意味なのです。

最後に少しだけ補足しておきたいことって？

　ここでは締めくくりとして、本書ではあまり詳しく取り上げることのできなかった、「検証」と「目標」について補足したいと思います。

検証について

　プログラミングでも日常の問題解決でも、「組み立てが終われば終了」ではありません。その後で、期待どおりに動くかを確かめます。これを検証といいます。デザインで考えたとおりに動かなければ、修正する必要があります。

　この検証は、「組み立てた後に考えればよい」ではなく、「アルゴリズムの段階で一緒に方法を考えておくこと」をおすすめします。具体的には、検証のためにチェックすべき項目を、アルゴリズムの段階で洗い出しておくのです。

　アルゴリズムと組み立てをセットにして、大きな単位から徐々に検証しながら詳細化していくという方法もあります。すなわち、「アルゴリズム→組み立て→検証→再度アルゴリズムの検討→組み立て→検証」のサイクルを短くまわしていくことで、詳細化を図りながら完成形に近づいていくという方法です。

　はじめから理論的につくることができるアルゴリズムもあるでしょうが、**何通りも手順を試して改善しながら、検証を重ねて一番良い手順にたどり着くことも多い**のです。毎回の実施で、検証を心がけ、不便を感じたら随時改善する努力を怠らない、という姿勢を常に持ち続けることが大切です。

目標について

　この本で考えてきたのは、「正三角形を描く」や「野球ゲームをつくる」など、最初から「目標」が決まっているものばかりでした。しかし本当は、目標は自分の手で見つけるものです。

▶ 思い切って目標に制限を付ける

　当初の目標が、考えていくうちにそのままでは実現が難しい、ということに気付くこともあります。アルゴリズムを考えるとき、最初の目標にほんの少し条件をつけると、とてもスマートにできるという場合もあります。そのような場合は、思い切って、**目標を条件付きに変更するという姿勢も必要**です。

　これは、問題を限定するというプログラミングの技法です。例えば、カレーの場合でも、食材の予算総額が暗黙の制限になるでしょうし、オーブンがなければフライパンを使うという技術的な制約も付くでしょう。

▶ 目標を発見する力を身に付ける

　現代は情報が身の回りにあふれています。それに振り回されることなく、「目標」（やりたいこと）を見つけるということは、実は一番難しいことかもしれません。しかし、**プログラミングの手順は「目標」から始まる以上、それを自分で発見する力は、必ず求められるもの**なのです。

　例えば、子どものスマホ依存を考えてみましょう。本人の自覚に訴えるために、「スマホばかり見ているとどうなるか？」を問い掛け、一緒に考えてみることが重要です。訓練を通じて考える力が身に付いていれば、睡眠時間が少なくなること、そして学校の授業に集中できず勉強についていけなくなるかもしれないことなどに、自ら気付けるはずです。

　でもその結果、「だから何？」と言われてしまえば、どうしようもありません。子どもの目標が「今が楽ならばそれでよい」ならば、ある意味これは「良い」行動にもなりえます。あるいはスマホを頻繁に使うことが、何かしらの目標を実現するために、その子にとって必要なのかもしれません。目標次第で、何が良いのかは簡単に反転します。

　この意味でも、プログラミング教育において親が果たすべき役割は、大きいのだと考えています。世の中のさまざまなことに興味を持ち、その中から望ましい「目標」を選びとるためには、誰かの支えが不可欠だからです。本書が、我が子のプログラミング教育に興味を抱く、きっかけの1つになったならば幸いです。

著者紹介

淺井登（あさいのぼる）

昭和47年、名古屋大学理学部数学科卒業。34年間、富士通株式会社にてコンピュータ言語処理系、スーパーコンピュータ及び人工知能関連の基本ソフトウェア開発に従事。その後10年間、他社にて、情報管理とシステム開発、主にUNIXでのC++による開発に従事。平成12年度から18年間、沼津工業高等専門学校電子制御工学科非常勤講師（人工知能）。平成24年度から2年間、御殿場南高等学校非常勤講師（情報B）。著書に「はじめての人工知能 Excelで体験しながら学ぶAI」（翔泳社）。

- カバーデザイン　　　　山口秀昭（Studio Flavor）
- 本文デザイン・DTP　　BUCH+
- 協力　　　　　　　　　三島武修館の皆様
　　　　　　　　　　　　館主美和靖之先生、美和しのぶ先生
　　　　　　　　　　　　SOMIGA 鈴木和登子様
　　　　　　　　　　　　菅原昌世様

体験してわかる
プログラミング教育
うちの子の「考える力」が伸びるワケ

2021年6月15日　初版　第1刷発行

著　者　　　淺井　登

発行者　　　片岡　巌

発行所　　　株式会社技術評論社
　　　　　　東京都新宿区市谷左内町 21-13
　　　　　　電話　03-3513-6150　販売促進部
　　　　　　　　　03-3513-6166　書籍編集部

印刷／製本　日経印刷株式会社

定価はカバーに表示してあります。

ISBN978-4-297-12173-0 C3055

Printed in Japan

■お問い合わせに関しまして

本書に関するご質問については、本書に記載されている内容に関するもののみとさせていただきます。本書の内容を超えるものや、本書の内容と関係のないご質問につきましては、一切お答えできませんので、あらかじめご了承ください。また、電話でのご質問は受け付けておりませんので、ウェブの質問フォームにてお送りください。FAXまたは書面でも受け付けております。

本書に掲載されている内容に関して、各種の変更などの開発・カスタマイズは必ずご自身で行ってください。弊社および著者は、開発・カスタマイズは代行いたしません。

ご質問の際に記載いただいた個人情報は、質問の返答以外の目的には使用いたしません。また、質問の返答後は速やかに削除させていただきます。

●質問フォームのURL

https://gihyo.jp/book/2021/978-4-297-12173-0

※本書内容の訂正・補足についても上記URLにて行います。あわせてご活用ください。

●FAXまたは書面の宛先

〒162-0846　東京都新宿区市谷左内町21-13
株式会社技術評論社　書籍編集部
「体験してわかるプログラミング教育」係
FAX：03-3513-6183